全国普通高校电子信息与电气学科基础规划教材

电工学实验教程

（第2版）

吴根忠 李剑清 顾伟驷 余佩琼 编著

清华大学出版社

北京

内 容 简 介

本书是为高等院校非电类专业开设电工学实验课而编写的。书中首先简要介绍了常用仪器仪表和 Multisim 仿真软件的使用,然后详细讲述了 15 个实际操作实验;最后介绍了虚拟仿真实验,这些仿真实验基本与常用的实际操作实验相对应,可以方便学生在进行实际操作实验前进行仿真,对实际操作实验具有指导作用。

本书适用于高等学校理工科非电类各专业的"电工学实验"教学,也可作为高职高专、继续教育学院等工科相关专业的实验教程。

图书在版编目(CIP)数据

电工学实验教程/吴根忠等编著.--2 版.--北京:清华大学出版社,2014(2021.10重印)
全国普通高校电子信息与电气学科基础规划教材
ISBN 978-7-302-36686-7

Ⅰ.①电… Ⅱ.①吴… Ⅲ.①电工实验-高等学校-教材 Ⅳ.①TM-33

中国版本图书馆 CIP 数据核字(2014)第 117284 号

责任编辑:曾　珊
封面设计:傅瑞学
责任校对:焦丽丽
责任印制:杨　艳

出版发行:清华大学出版社
　　　　网　　　址:http://www.tup.com.cn,http://www.wqbook.com
　　　　地　　　址:北京清华大学学研大厦 A 座　　　　邮　　编:100084
　　　　社 总 机:010-62770175　　　　　　　　　　　邮　　购:010-83470235
　　　　投稿与读者服务:010-62776969,c-service@tup.tsinghua.edu.cn
　　　　质量反馈:010-62772015,zhiliang@tup.tsinghua.edu.cn
　　　　课件下载:http://www.tup.com.cn,010-83470236
印 装 者:三河市君旺印务有限公司
经　　销:全国新华书店
开　　本:185mm×260mm　　　　印　张:14.25　　　　字　　数:343 千字
版　　次:2007 年 7 月第 1 版　　2014 年 10 月第 2 版　　印　　次:2021 年 10 月第 8 次印刷
定　　价:29.00 元

产品编号:059628-01

　　本书第 1 版在 2007 年出版后,已历时 7 年,期间得到了许多老师和学生的指正。同时,根据电工学实验教学的发展和目前对实验教学要求的提高,此次再版对本书内容进行了修订,具体的修改说明如下:

　　(1) 第 1 版中各个实际操作实验的内容基本保持不变,仅对个别地方进行了修改,主要是为了使实验线路图与实验台的实际线路更加一致。

　　(2) 由于机电类和化工类的学生对电工学课程的要求有所提高,同时也为了适应教学改革的需要,使得学生的实验不受场地和时间的限制,在第 2 版中增添了虚拟仿真实验。这些仿真实验基本与常用的实际操作实验相对应,可以方便学生在进行实际操作实验前进行仿真,对实际操作实验也有指导作用。

　　(3) 对目前较为常用的 Multisim 仿真软件进行了简要介绍,使学生能基本掌握该软件的使用方法。

　　第 2 版增加的 Multisim 仿真软件使用说明(第 2 章)和虚拟仿真实验(第 4 章)由吴根忠执笔。在全书的编写过程中,得到了许多老师的大力支持和帮助,在此表示最诚挚的感谢。

　　由于编者水平有限,书中错误和不妥之处在所难免,恳请读者批评指正。

编　者

2014 年 3 月

目 录

绪　　论

实验须知

1. 实验的意义和目的

电工学实验是电工学课程重要的实践教学环节。实验的目的不仅仅是验证基本理论知识,更重要的是通过实验加强学生的实验手段和实践技能,培养学生分析问题、解决实际问题和应用知识的能力以及工程实践的能力,充分放手让学生自行设计、自主实验,真正培养学生的实践动手能力,全面提高学生的综合素质。学生通过实验可以掌握有关电路连接、测量和故障排除等技能,学会正确使用常见的仪器设备和仪表,掌握一些基本的测试技术、实验方法以及数据采集、处理与分析的方法。

2. 实验规则

实验是电工学课程重要的实践教学环节,实验的目的不仅是巩固和加深理解所学知识,更重要的是训练学生的实验手段和实践技能,培养实际动手能力,树立工程实际观点和严谨的科学作风。

(1) 根据电工学课程大纲的规定,电工学实验根据学生本学期实验情况综合评定,分数计入本课程期末成绩。

(2) 每位学生必须按规定完成实验课,因故不能参加实验者,课前应向指导教师请假。对所缺实验要在期末前的规定时间内补齐。

(3) 每次实验课前,必须做好预习,真正理解和明确实验题目、目的、内容、步骤和操作过程,写出实验预习报告,并接受指导教师的检查和提问。对既不写预习报告,又回答不出问题者,不准其做实验。

(4) 每次实验课,学生必须提前进入实验室,按要求找好座位,检查所需实验设备,做好实验前的准备工作。

(5) 做实验前,首先要确定实验电路所需电源的性质、极性、大小和测试仪表的量程等,了解实验设备的铭牌数据,以免出现错误和损坏设备。

(6) 不准任意搬动和调换实验室内设备,非本次实验所用的仪器设备,未经指导教师允许不得动用。

(7) 要注意测试仪表和设备的正确使用方法,对每次实验中所使用的设备,要了解其原理和使用方法。在没有掌握仪器设备的使用方法前,不得贸然通电使用,否则,损坏后果自负。

(8) 要求每位学生在实验过程中,必须具有严谨的学习态度和认真、踏实、一丝不苟的科学作风。无特殊原因,中途不得退出实验,否则本次实验无效。

(9) 实验过程中,如出现事故,应马上断开电源开关,然后向指导教师如实反映事故情况,并分析原因,如有损坏仪表和设备时,应马上提出,按有关规定处理。

(10) 实验室内要保持安静、整洁的学习环境,不得大声喧哗,不得随地吐痰和随地乱扔杂物。

(11) 每次实验结束之后,实验数据和结果一定要经指导教师检查,确认正确无误后,方可拆线,整理好实验台和周围卫生,然后离开实验室。

（12）实验课后，每位学生必须按实验指导书的要求，独立写好实验报告。实验报告要及时交给指导老师批阅。

3. 实验预习要求

实验前应仔细阅读实验教材中的相关内容，了解本次实验的实验目的、实验原理、实验内容和注意事项等，并按要求写好预习报告，上实验课时应携带预习报告，交辅导教师审阅。

预习报告包括以下内容：

（1）实验目的。

（2）实验原理。

（3）实验线路图。

（4）本次实验所用仪器、设备的使用方法和注意事项。

（5）根据预习要求计算实验数据，分析实验现象。

（6）根据实验步骤和实验内容设计实验数据记录表格。

（7）实验注意事项。

4. 实验注意事项

（1）实验的安全是实验过程中最为重要的，学生在做实验过程中必须始终牢记这一点。实验者做到在实验过程中不带电操作，在实验前做好充分的预习，对实验设备和实验内容充分理解以及规范的实验操作，都能提高实验的安全性。

（2）在实验前对实验设备进行检查。按照实验指导书核对仪器、仪表及使用到的其他设备的类型、规格和数量。如果是设计性实验，则应按设计选定的设备进行核对。了解设备使用方法及线路板的组成和接线要求。

（3）按照实验指导书给出的线路图或自己设计的线路图进行接线，实验电路走线、布线应简洁明了、便于测量，导线长短安排合理，不允许因为导线不够长而把两根导线对接后使用，否则很容易发生触电事故。

（4）完成实验接线后，按电路逐项检查各仪表、设备、元器件的位置、极性等是否正确。确定无误后，再请指导老师进行复查，经老师确认后方可通电进行实验。实验中严格遵循操作规程，改接线路和拆线一定要在断电的情况下进行，绝对不允许带电操作。如发现异常声音、气味或其他事故情况，应立即切断电源，报告指导教师检查处理。

（5）实验时每组同学应分工协作，轮流接线、记录、操作等，使每个同学受到全面训练。测量数据或观察现象要认真细致，实事求是。使用仪器仪表要符合操作规程，切勿乱调旋钮、挡位。注意仪表的正确读数，记录数据时要注意有效数据的位数。

（6）实验结束后，实验记录交指导教师查看并认为无误后，方可拆除线路。最后，应清理实验桌面，清点仪器设备。

（7）未经许可，不得动用其他组的仪器设备或工具等物。爱护公物，发生仪器设备等损坏事故时，应及时报告指导教师，按有关实验管理规定处理。

（8）自觉遵守学校和实验室管理的其他有关规定。

5. 实验总结

实验报告是培养学生科学实验的总结能力和分析思维能力的有效手段，也是一项重要的基本功训练，它能很好地巩固实验成果，加深对基本理论的认识和理解，从而进一步扩大知识面。

实验报告是一份技术总结,应根据所得数据和所观察到的实验现象完成实验报告,要求文字简洁,语言通顺,内容清楚,图表数据齐全规范,一律用学校规定的实验报告纸认真书写。实验报告的重点是实验数据的整理与分析,报告内容应包括实验目的、实验原理、实验使用仪器和元器件、实验内容和结果以及实验结果分析讨论等,其中实验内容和结果是报告的主要部分,它应包括实际完成的全部实验,内容如下。

(1)实验原始记录:实验电路(包括元器件参数)、电路原理的分析说明、实验数据与波形以及实验过程中出现的故障记录及解决的方法等,对于设计性课题,还应有整个设计过程和关键的设计技巧说明。原始记录必须有指导教师签字,否则无效。

(2)实验结果分析、讨论及结论:对原始记录进行必要的分析、整理,包括实验数据与预算结果的比较,产生误差的原因及减小误差的方法,实验故障原因的分析等。数据整理和计算结果尽量以表格列出,物理量要写出单位,表格后面要有计算公式和计算过程。曲线用坐标纸画,先选好坐标,标上物理量及单位,曲线要求光滑,线条粗细均匀,写上曲线名称。

(3)完成实验总结中指定的思考题。

(4)总结本次实验的体会和收获,总结的内容一般应对重要的实验现象、结论加以讨论,以进一步加深理解,此外,对实验中的异常现象,可作一些简要说明,实验中有何收获,可谈一些心得体会。

在编写实验报告时,常常要对实验数据进行科学的处理,才能找出其中的规律,并得出有用的结论。常用的数据处理方法是列表和作图。实验所得的数据可分类记录在表格中,这样便于对数据进行分析和比较。实验结果也可绘成曲线,直观地表示出来。在作图时,应合理选择坐标刻度和起点位置(坐标起点不一定要从零开始),并要采用方格纸绘图。当标尺范围很宽时,应采用对数坐标纸。另外,在波形图上通常还应标明幅值、周期等参数。

预习报告在实验前完成,实验报告应在实验完成后一周内交给实验指导教师批阅。

6. 实验安全用电规则

安全用电是实验中始终需要注意的重要事项。为了做好实验,确保人身和设备的安全,在做实验时,必须严格遵守下列安全用电规则:

(1)实验中的接线、改接、拆线都必须在切断电源的情况下进行,线路连接完毕再接通电源。

(2)在电路通电情况下,人体严禁接触电路中不绝缘的金属导线和连接点带电部位,以免触电。一旦发生触电事故,应立即切断电源,保证人身安全。

(3)实验中,特别是设备刚投入运行时,要随时注意仪器设备的运行情况,如发现有超量程、过热、异味、冒烟、火花等现象出现时,应立即断电,并请指导老师检查。

(4)了解有关电器设备的规格、性能及使用方法,严格按要求操作。注意仪器仪表的种类、量程和接线方法,保证设备安全。

(5)实验时应精力集中,衣服、头发等不要接触电机及其他可以移动的电器设备,以防止安全事故发生。

实验基础知识

1. 有效数字

有效数字是指在分析工作中实际能够测量到的数字,即包括最后一位估计的、不确定的数字。通常把通过直读获得的准确数字叫做可靠数字;把通过估读得到的那部分数字叫做存疑数字。把测量结果中能够反映被测量大小的带有一位存疑数字的全部数字叫有效数字。

由于有效数字的最后一位是不确定度所在的位置,因此有效数字在一定程度上反映了测量值的不确定度(或误差限值)。测量值的有效数字位数越多,测量的相对不确定度越小;有效数字位数越少,相对不确定度就越大。可见,有效数字可以粗略反映测量结果的不确定度。

测量结果都是包含误差的近似数据,在其记录、计算时应以测量可能达到的精度为依据来确定数据的位数和取位。如果参加计算的数据的位数取少了,就会损害测量结果的精度,并影响计算结果的应有精度;如果位数取多了,易使人误认为测量精度很高,并且增加不必要的计算工作量。

由于有效数字中只应保留一位欠准数字,因此在记录测量数据时,只有最后一位有效数字是欠准数字。

1) 数字修约规则

我国科学技术委员会正式颁布的《数字修约规则》,通常称为"四舍六入五成双"法则,即,尾数≤4时舍去,尾数>6时进位;当尾数为5时,则应视末位数是奇数还是偶数而定——5前为偶数应将5舍去,5前为奇数应将5进位。

这一法则的具体运用如下:

(1) 将28.175和28.165处理成4位有效数字,则分别为28.18和28.16。

(2) 若舍弃的第1位数字大于5,则其前一位数字加1,例如28.2645处理成3位有效数字时,其舍去的第1位数字为6,大于5,则有效数字应为28.3。

(3) 若舍去的第1位数字等于5,而其后数字全部为零时,则视被保留末位数字为奇数或偶数(零视为偶)而定进或舍,末位数是奇数时进1,末位数为偶数时不进1,例如28.350、28.250、28.050处理成3位有效数字时,分别为28.4、28.2、28.0。

(4) 若舍弃的第1位数字为5,而其后的数字并非全部为零时,则进1,例如28.2501,只取3位有效数字时,成为28.3。

(5) 若舍弃的数字包括几位数字时,不得对该数字进行连续修约,而应根据以上各条作一次处理。例如2.154546,只取3位有效数字时,应为2.15,而不得按以下方法连续修约为2.16:

2.154546→2.15455→2.1546→2.155→2.16。

2) 有效数字

有效数字就是一个数从左边第1个不为0的数字开始到精确的数位之内的所有数字(包括0,科学计数法不计10的N次方),称为有效数字。简单地说,把一个数字前面的0都去掉,从第1个正整数到精确的数位之内所有的都是有效数字了。

例如:0.0109,前面两个0不是有效数字,后面的109均为有效数字(注意:中间的0也算）；3.109×10^5 中，3、1、0、9 均为有效数字，后面的 10 的 5 次方不是有效数字；5200000000，全部都是有效数字；0.0230，前面的两个 0 不是有效数字，后面的 2、3、0 均为有效数字（后面的 0 也算）；1.20 有 3 个有效数字；1100.120 有 7 位有效数字；2.998×10^4 中，保留 3 个有效数字为 3.00×10^4。

对数的有效数字为小数点后的全部数字，如 $\lg x = 1.23$ 的有效数字为 2、3，$\lg a = 2.045$ 的有效数字为 0、4、5，$\text{pH} = 2.35$ 的有效数字为 3、5。

3）计算规则

对于加减法：以小数点后位数最少的数据为基准，其他数据修约至与其相同，再进行加减计算，最终计算结果保留最少的位数。

例如：计算 $50.1 + 1.45 + 0.5812$ 时，可以修约为 $50.1 + 1.4 + 0.6 = 52.1$。

对于乘除法：以有效数字最少的数据为基准，其他有效数修约至相同，再进行乘除运算，计算结果仍保留最少的有效数字。

例如：计算 $0.0121 \times 25.64 \times 1.05728$ 时，可以修约为 $0.0121 \times 25.6 \times 1.06$。计算后结果为：0.3283456，结果仍保留为 3 位有效数字。记录为 $0.0121 \times 25.6 \times 1.06 = 0.328$。

例如：计算 $2.5046 \times 2.005 \times 1.52$ 时，可以修约为 $2.50 \times 2.00 \times 1.52$。当把 1.13532×10^{10} 保留 3 个有效数字时，结果为 1.14×10^{10}。

运算中若有 π、e 等常数，以及 $\sqrt{2}$，$1/\sqrt{2}$ 等系数，其有效数字可视为无限，不影响结果有效数字的确定。

一般来讲，有效数字的运算过程中，有很多规则。为了应用方便，本着实用的原则，加以选择后，将其归纳整理为如下两类。

（1）一般规则。

① 可靠数字之间运算的结果为可靠数字。

② 可靠数字与存疑数字、存疑数字与存疑数字之间运算的结果为存疑数字。

③ 测量数据一般只保留一位存疑数字。

④ 运算结果的有效数字位数不由数学或物理常数来确定，数学与物理常数的有效数字位数可任意选取，一般选取的位数应比测量数据中位数最少者多取一位。例如：π 可取 $= 3.14$ 或 3.142 或 3.1416……在公式中计算结果不能由于"2"的存在而只取一位存疑数字，而要根据其他数据来决定。

⑤ 运算结果将多余的存疑数字舍去时应按照"四舍六入五成双"的法则进行处理，即小于等于 4 则舍；大于 5 则入；等于 5 时，根据其前一位按"奇进偶舍"处理（等几率原则）。例如，3.625 化为 3.62，4.235 则化为 4.24。

（2）具体规则。

① 有效数字相加（减）的结果的末位数字所在的位置应按各量中存疑数字所在数位最前的一个为准来决定。例如：

$$
\begin{array}{r}
30.4 \\
+\ \ 4.325 \\
\hline
34.725
\end{array}
\qquad
\begin{array}{r}
26.65 \\
-\ \ 3.905 \\
\hline
22.745
\end{array}
$$

取 $30.4 + 4.325 = 34.7$，$26.65 - 3.905 = 22.74$。

② 乘（除）运算后的有效数字的位数与参与运算的数字中有效数字位数最少的相同。

乘方、开方后的有效数字位数与被乘方和被开方之数的有效数字的位数相同。

③ 指数、对数、三角函数运算结果的有效数字位数由其改变量对应的数位决定。

④ 有效数字位数要与不确定度位数综合考虑。

一般情况下,表示最后结果的不确定度的数值只保留1位,而最后结果的有效数字的最后一位与不确定度所在的位置对齐。如果实验测量中读取的数字没有存疑数字,不确定度通常需要保留两位。

但要注意:具体规则有一定适用范围,在通常情况下,由于近似的原因,如不严格要求,可认为是正确的。

对于乘方:乘方的有效数字和底数相同。例如:$0.34^2 = 1.16 \times 10^{-1}$

2. 测量数据的记录

1) 数字式仪表读数的记录

数字式仪表可直接读出测量值,读出值即可作为测量结果直接记录而不需要再经换算。但要注意的是,在用数字式仪表测量时,不同量程所测得结果的有效数字位数是不一样的,量程选用不当会减少有效数字,所以在实验过程中要合理选择数字式仪表的量程。例如,用某一数字式电压表测量一电压值,在不同量程时的显示值如表0-1所示。

表 0-1 数字式电压表的显示值

量程/V	2	20	200
显示值/V	1.568	1.57	1.6
有效数字位数	4	3	2

由表0-1可见,在不同量程时有效数字的位数是不同的,在此例中,选择"2V"这个量程才是最合适的。一般而言,在实际测量中,要求测量值小于量程,又要尽可能接近所选的量程,当还有比显示值更小的量程时,要选择更小挡的量程。

2) 指针式仪表读数的记录

和数字式仪表不同,指针式仪表的指示值一般不是被测量的值,而要经过换算才能得到所需的测量结果,换算公式如下:

测量值 = 读数(格) × 仪表常数(C_x) = 读数(格) × 仪表量程(x_m)/ 满刻度格数(α_m)

式中,读数也就是指针式仪表的指示值,它是仪表指针所指出的标尺值,用格数表示;仪表常数(C_x)为指针式仪表每分格所代表的被测量的大小,也称为分格常数;仪表常数(C_x) = 仪表量程(x_m)/满刻度格数(α_m)。

对于同一仪表,选择的量程不同,则分格常数也不同,在根据换算公式计算测量值时要注意,测量值的有效数字的位数应与读数的有效位数一致。

3. 测量误差

1) 指针式仪表的测量误差及准确度

在测量过程中,由于测量设备不准确、测量方法不完善等原因,都会不可避免地使测量结果与被测量的实际值大小产生差别。这种差别称为测量误差。测量误差的表示方法通常可分为绝对误差和相对误差两种。

绝对误差是被测量的测得值 A 与实际值 A_0 的差值。绝对误差 ΔA 可表示为

$$\Delta A = A - A_0$$

相对误差是指绝对误差与实际值之比的百分数,若用 γ_0 表示,则有

$$\gamma_0 = \Delta A / A_0 \times 100\%$$

仪表的准确度是指仪表在正常工作条件下进行测量时可能产生的最大绝对误差 ΔA 与仪表的满刻度量程 A_m 之比的百分数,用 α 表示,则有

$$\alpha = \Delta A / A_m \times 100\%$$

仪表测量时,相对误差则为

$$\gamma_0 = \Delta A / A_0 = \alpha \times A_m / A_0$$

可见,当被测量的实际值一定时,相对误差取决于仪表的准确度等级 α 与其满刻度量程 A_m 的乘积。若仪表量程相同,准确度等级越高(α 值越小),则相对误差越小;若仪表准确度相同,量程越小,则相对误差越小。

例如:实验用电源电压 $U = 12\text{V}$,用一块 0.5 级的多量程电压表的 20V 和 50V 挡分别进行测量时,产生的误差如下:

(1)用 20V 量程测量 12V 时,产生的误差为:$\gamma_0 = \alpha \times A_m / A_0 = \pm\ 0.5\% \times 20/12 = \pm 0.83\%$;

(2)用 50V 量程测量 12V 时,产生的误差为:$\gamma_0 = \alpha \times A_m / A_0 = \pm\ 0.5\% \times 50/12 = \pm 2.08\%$。

由此可见,即使采用同一块电压表测量同一被测电压,不同的电压挡所产生的相对误差也是不同的。被测量值越接近所选挡的满刻度量程,产生的相对误差就越小,测量的结果就越准确。同学们在做实验时,要注意适当选用仪表的量程,使仪表的读数尽量接近满刻度量程,减少测量误差。

2)准确度等级

为了反映电工仪表的测量精度,我国直读式仪表的准确度等级分为 0.1、0.2、0.5、1.0、1.5、2.5、5.0 共 7 个级别。通常 0.1 级和 0.2 级仪表作为标准表使用,并可进行精密测量;0.5~1.5 级仪表用于实验室测量,1.5~5.0 级仪表一般用于工程测量或指示电气设备的运行状态。仪表准确度习惯上称为精度,准确度等级习惯上称为精度等级。故

$$仪表精度 = (绝对误差的最大值 / 仪表量程) \times 100\%$$

$$精度等级 = |\ 绝对误差的最大值 / 仪表量程\ | \times 100$$

对于数字式仪表而言,准确度指标的描述方法一般为"读数误差+量程误差"。读数误差表示为"测量读数的百分比",例如,电压测量精度为读数的 $\pm 1\%$,其含义为:对于 100.0V 的电压测量显示读数,其电压真实值在 99.0~101.0V 之间。量程误差:数字式仪表的技术规格中,除读数精度指标外,一般还加一个数字误差范围(digits),即量程误差。该数字表明了在测量显示读数的最后一位上可能存在的最大误差范围。例如,精度表述为 $\pm(1\% + 2\text{digits})$,对于 100.0V 的测量显示读数,其电压真实值将在 98.8~101.2V 之间。

4. 测量误差产生的原因

在实验过程中,绝大多数实验都涉及电流、电压和功率的测量,这就要求学生能应用所选择的合适仪器,尽可能获得令人满意的结果。在实验中进行测量和数据处理时,都应着眼于减少误差,尽可能使实验结果接近真值。误差产生的原因是多方面的。在测量中,由于种种原因,测得的结果总会与实际值有差异。这种测量误差是不可避免的,但可以使其误差减到最小。

测量误差产生的原因主要有以下几点。

1）仪器误差

仪器本身的电路设计、安装、机械部分环境不完善所引起的误差称为仪器误差，仪器的误差是客观存在的。主要包括读数误差、内部噪声误差、稳定性误差和其他误差等。仪器误差是产生测量误差的主要原因之一。仪器误差常表现在下面 3 种情况：

（1）示值误差。如电表的轴承磨损引起示值不准等。

（2）零值误差。如电表在使用之前未调整零位等。

（3）仪器机构和附件误差。如电桥的标准电阻不准等。

2）使用误差

泛指测量过程中因操作不当而引起的误差，也称为操作误差。例如用万用表测量电压或电流时，由于选择挡位不正确而造成的误差；测量电阻时，没有进行欧姆校零而产生的误差。

3）个人误差

由个人感官所产生的误差，一般由测量者的分辨能力、责任心等主观因素，造成测量数据不准确所引起的误差。人的听力、视力及动作都会产生个人误差。例如，在电表读数时，有人偏左而有人偏右；在估计读数时，有人习惯偏大而有人习惯偏小等。

4）环境误差

实际工作环境与测量工作环境要求不一致，受外界环境因素影响（如温度、湿度、气压、电磁场、光照、声音、放射线、机械振动等）产生的误差。

5）理论误差

建立在用近似公式或者不完善理论处理结果的基础上所产生的误差。

5. 减小测量误差的方法

熟悉测量仪器、掌握正确的测量方法、分析误差的来源、采用有效的方法都可以减小测量误差。

1）减小仪器误差

仪器误差主要来自仪器本身，所以要定期对仪器进行维护和校准。正确保养和使用仪器是减小仪器误差的重要环节。

2）减小使用误差

熟悉仪器的使用方法，严格遵守操作规程，提高使用技巧和对各种现象的分析能力。

3）减小个人误差

除了人的耳朵、眼睛等感觉器官所产生的不可克服误差因素外，应尽量提高操作技巧和改进方法，以减小个人误差。

4）减小环境误差

一定要按照实验的要求在适合的环境下进行实验，要在仪器设备所能承受的环境下进行实验，否则会损坏仪器设备，还会造成测量误差比较大。根据被测量对象的特性和要求，采用合理的测量方法，选用合理的精确仪器，建立一个合理的测试环境。

5）正确处理测量数据

测量结果可以是数字也可以是图形。在记录数据时，要精确地算出符合要求的结果。利用精确的公式和理论得出测量结果。

　　总之,对于仪器操作、使用人员而言,应该正确组织实验过程,合理选用仪器,合理选择测量方法,正确处理测量和实验数据,合理分析实验结果。对于设计人员,误差分析的主要任务是:找出产生误差的根源;研究误差对仪器精度的影响。从使用角度分析误差,可以依据误差的来源和误差性质采用相应的理论进行数据处理,力求测量数据能够客观反映被测量的规律。

第 1 章 常用仪器仪表使用说明

1.1 DF1641C 函数信号发生器使用说明

DF1641C 函数信号发生器是一种具有高稳定度、多功能等特点的函数信号发生器。信号产生部分采用大规模单片函数发生器电路,能产生正弦波、方波、三角波、斜波、脉冲波、线性扫描和对数扫描波形,同时对各种波形均可实现扫描功能,采用单片机对仪器的各项功能进行智能化管理,频率调节采用数字化方式,根据调节速率不同,能自动调整频率的步进量,输出信号的频率、幅度由 LED 显示,其余功能则由发光二极管指示,用户可以直观、准确地了解到仪器的使用状况。

该系列函数发生器所带的功率放大器不但能提供足够的电功率,而且还充分考虑到在各种容性、感性负载下均有稳定、可靠的输出。

1.1.1 主要技术指标

(1) 频率范围:0.3Hz～3MHz,分七挡 5 位显示。

(2) 波形:正弦波、方波、三角波、正向或负向锯齿波、正向或负向脉冲波。对称度调节范围:80:20～20:80。

(3) 正弦波。

① 失真:10Hz～100kHz 不大于 1%。

② 频率响应:频率低于 100kHz 时,不大于 ± 0.5db;高于 100kHz 时,不大于 ± 1db。

(4) 方波前、后沿:不大于 100ns。

(5) TTL 输出。

① 电平:高电平不小于 2.4V,低电平不大于 0.4V,能驱动 20 个 TTL 负载。

② 上升时间:不大于 30ns。

(6) 输出。

① 阻抗:$50\Omega \pm 10\%$。

② 幅度:不小于 $20V_{p\text{-}p}$(空载),3 位 LED 显示。

③ 输出范围选择:1mV～20mV～0.2V～2V～20V(峰-峰值);衰减:60db、40db、20db、0db。

④ 直流偏置:0～± 10V,可调。

⑤ 幅度显示误差:$\pm 10\% \pm 2$ 个字(输出幅度值大于最大输出幅度 1/10 时)。

(7) 功率输出(频率范围 1Hz～200kHz)。

① 幅度不小于 $20V_{p\text{-}p}$。

② 输出功率:不小于 5W。

(8) VCF 输入。

① 输入电压:-5～0V。

② 最大压控比:大于 1 倍程。

③ 输入信号:DC～1kHz。

(9) 扫频。

① 方式：线性、对数。

② 速率：5s～10ms。

③ 宽度：大于1倍程。

④ 扫描输出幅度：$10V_{p-p}$。

⑤ 扫描输出阻抗：600Ω。

(10) 频率计。

① 测量范围：10Hz～100MHz。

② 输入阻抗：1MΩ/20pF。

③ 灵敏度：100mV rms。

④ 最大输入：150V(AC＋DC)(按下输入衰减)。

⑤ 输入衰减：20db。

⑥ 滤波器截止频率：约为100kHz。

⑦ 测量误差：不大于$3×10^{-5}±1$个字。

(11) 电源适应范围。

① 电压：220V±10％。

② 频率：50Hz±2Hz。

③ 功率：35VA。

(12) 工作环境。

① 温度：0～40℃。

② 湿度：小于90％RH。

③ 大气压力：86～104kPa。

(13) 尺寸：330mm×255mm×100mm。

(14) 重量：3kg。

1.1.2 工作原理

DF1641C函数信号发生器工作原理的方框图如图1-1所示。

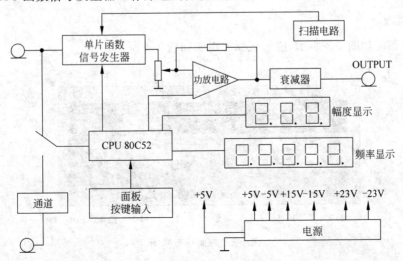

图 1-1 工作原理的方框图

1．波形发生电路

波形发生电路由 MAX038 函数信号发生器及频率、占空比控制电路组成，波形的选择、频率、占空比的调节都是由单片机来控制。

2．单片机智能控制电路

单片机智能控制电路由单片机 80C52、面板按键输入、频率和幅度显示器及其他各种控制信号的输出及指示电路组成。其主要功能是控制输出信号的波形，调节函数信号的频率，测量并显示输出信号或外部输入信号的频率，显示输出波形的幅度。

3．频率计数通道

频率计数电路由宽带放大器及方波整形器组成，主要功能是用于外测频率时对信号进行放大整形。

4．功率放大器

为了保证功率放大电路具有非常高的压摆率和良好的稳定性，功放电路采用双通道形式，整个功放电路具有倒相特性。

5．电源

采用 $\pm 23V$、$\pm 15V$、$\pm 5V$ 和 $+5V$ 共 4 组电源组成。$\pm 23V$ 电源供功放使用，$\pm 15V$ 和 $\pm 5V$ 电源供波形发生电路使用，$+5V$ 电源主要供单片机智能控制电路使用。

1.1.3　结构特性

DF1641C 函数信号发生器采用全金属结构，体积小，结构牢固，电路元件分别安装在两块印刷电路板上，各调整元件均置于明显位置。当仪器需要调整、维修时，拧下后面板下部的两个螺钉，拆去上、下盖板即可。

1.1.4　使用与维护

1．前面板

前面板布局如图 1-2 所示，前面板标志说明如表 1-1 所示。

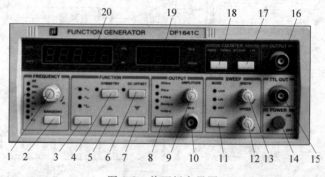

图 1-2　前面板布局图

表 1-1　前面板标志说明

序号	面板标志	名　称	作　用
1		频率调节	频率调旋钮,顺时针调节使输出信号的频率提高,逆时针方向调节反之。当缓慢地调节此旋钮时,频率的变化率约为 0.1%,同时能根据调节的速率不同,自动调整步进量
2	RANGE(Hz)	频率范围选择	按住此键,频率倍乘将从低→高→低循环,当所需频段的指示灯亮时,释放此键即可。按下此键可改变信号的频段。与"1"号键配合可选择输出信号频率
3		波形选择	按此键可选择正弦波、三角波、方波,与此对应的指示灯亮。与"4"、"5"、"7"号键配合使用可选择正向或负向斜波及正向或负向脉冲波
4	SYMMETRY	对称度	对称度控制键,指示灯亮时有效。对称度调节范围为 20:80～80:20
5	△	对称度直流偏置调节按钮	当对称度控制(指示灯亮)有效时或直流偏置(指示灯亮)有效时,按此键可以改变波形的对称度或直流偏置。若对称度或直流偏置指示灯同时亮时,按此键后,对最后一次选择的功能有效
6	DC OFFSET	直流偏置	输出信号直流偏置控制键,指示灯亮有效。直流偏置调节范围为 -10～$+10$V
7	▽	对称度直流偏置调节按钮	主要功能同"5"键,但调节方向与之相反
8		输出衰减	按此键,可选择输出信号幅度的衰减量,分别为 0、20dB、40dB、60dB。与此对应的指示灯亮
9	AMPLITUDE	输出幅度调节	函数波形信号输出幅度调节旋钮,与"8"键配合,用于改变输出信号的幅度
10	OUTPUT	电压输出	函数波形信号输出端,阻抗为 50Ω,最大输出幅度为 $20V_{p\text{-}p}$
11	MODE	扫频选择对数/线性/外接	扫频方式选择键,按一下键可分别选择对数扫频、线性扫频以及外接扫频
12	SPEED	扫描速率	扫描速率调节旋钮,调节此旋钮用以改变扫描速率
13	WIDTH	扫频宽度	扫频宽度调节旋钮,当仪器处于扫频状态时调节该旋钮,用以调节扫频宽度
14	POWER	电源开关	按下开关,机内电源接通,整机工作;此键释放,则关闭整机电源
15	TTL OUT	TTL 输出	TTL 电平的脉冲信号输出端,输出阻抗为 50Ω
16	OUTPUT	功率输出	功率信号输出端。绿色发光二极管亮时,输出端有信号输出,最大输出功率为 5W。当输出信号频率高于 200kHz 时,无信号输出
17	ATT 20dB LPF	衰减/低通滤波器	当计数选择外接时,在输入信号幅度较大时,按一下此键,ATT 20dB 指示灯亮有效;再按一下,则 LPF 灯亮(带内衰减,截止频率约 100kHz)
18	10MHz/100MHz	计数选择10MHz/100MHz	频率计的内测、外测选择按钮。当 10MHz、100MHz 灯都不亮时,为测量内部信号源的频率;当选择外测时,10MHz 灯亮时外测频率范围为 10Hz～10MHz;100MHz 灯亮时外测频率范围为 10～100MHz。如输入端无信号,约 10 秒后,频率计显示为 0

序号	面板标志	名　称	作　用
19		输出信号幅度调节	显示输出信号幅度的峰-峰值(空载)。若负载阻抗为50Ω,负载上的值应为显示值的1/2。当需要输出幅度小于幅度电位器置于最大时的1/10,建议使用衰减器。V_{p-p} 和 mV_{p-p} 输出电压幅度的峰-峰值指示,灯亮有效
20		频率显示	显示输出信号的频率或外测频率信号的频率。GATE 灯闪烁时,表示频率计正在工作,当输入信号的频率高于100MHz时,OV. FL 灯亮,表示超过了测量范围。Hz、kHz 为频率单位指示,灯亮有效

2. 后面板

后面板布局图如图1-3所示。

1) VCF IN/SWP OUT 端子

① 外接电压控制频率输入端,输入电压为0~−5V。

② 扫描信号输出端,当扫频方式选择为对数或线性时,扫描信号在此端子输出。

2) COUNTER IN

外测频率信号输入端。

3) 电源插座

为交流市电 220V 输入插座,同时带有保险丝座,保险丝容量为 0.5A。

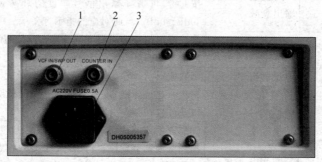

图1-3　后面板布局图

3. 维护与校正

该仪器在规定条件下可连续工作。由于采用大规模集成电路,校正相对比较方便,为保持良好性能,建议每3个月左右校正一次,校正的次序如下。

1) 校失真

将仪器输出幅度旋至最大,波形选择正弦波,频率为1kHz,将输出接至失真度计,调节RP101使失真符合技术要求。

2) 校输出幅度

输出接在示波器,在"校失真"的状态,测此时输出幅度的峰-峰值。调节 RP103,使指示值与输出幅度符合技术要求。

3) 校频率

将频率计置于"外接",将外部标准振荡器的 10MHz 信号输入到"外接计数器"端口,调节 C5 使 LED 显示 9999.9kHz。将标准振荡器的幅度调至 100mVrms,调节 RP401 使 LED 稳定显示 9999.9kHz。

4. 故障排除

故障排除应在熟悉仪器工作原理的情况下进行。根据故障的现象,按工作原理初步分析出故障电路的范围,先排除直观故障,然后以必要的手段对故障电路进行静态、动态检查,查出确切故障后再进行处理,使仪器恢复正常工作。

1.2 GDM-8135 数字式万用表使用说明

1.2.1 产品介绍

GDM-8135 数字式万用表是一种轻便的 3 位半数字式万用表,它采用一种独特的模拟-数字转换技术,具有自动归零、消除偏移误差的特性。同时,它以自动数字方法判定极性、连续滤波和 LED(Light Emitting Diode,发光二极管)读出。该仪器的两个 LSI(大规模集成电路)芯片包含了模拟-数字转换器,使分立式电子组件减少到少于 110 个。

该仪器的控制按钮包括 5 个交直流电压挡,6 个交直流电流挡和 6 个电阻挡。精确测量的范围为:直流电压 $100\mu V\sim1200V$、交流电压 $100\mu V\sim1000V$、交直流电流 $100nA\sim19.99A$、电阻 $100m\Omega\sim19.99M\Omega$。

1.2.2 产品规格

GDM-8135 数字式万用表产品规格见表 1-2。

表 1-2 产品规格

直流电压	
挡位	$\pm199.9mV,\pm1.999V,\pm19.99V,\pm199.9V,\pm1199V$
年精度 15～35℃	$\pm(0.1\%$读数＋1 位$)$
输入阻抗	$10M\Omega$,所有挡
差模排斥	大于 60dB@50Hz/60Hz
共模排斥 (1kΩ 不平衡)	大于 120dB@DC 和 50Hz/60Hz
反应时间	0.5s
最大输入电压	1200Vrms,所有挡
交流电压	
挡位	199.9mV,1.999V,19.99V,199.9V,1000V
年精度 15～35℃	所有挡:40Hz～1kHz$\pm(0.5\%$读数＋1 位$)$; 200mV～200V 挡:1～10kHz$\pm(1\%$读数＋1 位$)$; 200mV～20V 挡:10～20kHz$\pm(2\%$读数＋1 位$)$; 200mV～20V 挡:20～40kHz$\pm(5\%$读数＋1 位$)$
输入阻抗	$10M\Omega$ 与 100pF 并联
共模排斥 (1kΩ 不平衡)	大于 60dB(50Hz/60Hz)

交流电压	
反应时间	3s(最差情况)
最大输入电压	在 20V、200V、1000V 挡时,为 1000Vrms,且不超过 10^7V·Hz;在 200mV 和 2V 时,为 750Vrms
直流电流	
挡位	$\pm199.9\mu$A,±1.999mA,±19.99mA,±199.9mA,±1999mA,±19.99A
年精度 15~35℃	$\pm(0.2\%$读数$+1$位),除 2000mA,20.00A 挡外; $\pm(0.5\%$读数$+1$位)2000mA,20.00A 挡
电压负荷	0.22V,最大至 2A
反应时间	0.5s
最大输入电流	2A 输入 2Arms(保险丝保护); 20A 输入 20Arms(无保险丝)
交流电流	
挡位	199.9μA,1.999mA,19.99mA,199.9mA,1999mA,19.99A
年精度 15~35℃	40Hz~1kHz$\pm(0.5\%$读数$+1$位); 1~10kHz$\pm(1\%$读数$+1$位); 10~20kHz$\pm(2\%$读数$+1$位),除 2000mA,20.00A 挡外; 40Hz~2kHz$\pm(1.0\%$读数$+2$位),2000mA,20.00A 挡
电压负荷	0.22V,最大至 2A
反应时间	3s
最大输入电流	2A 输入 2Arms(保险丝保护); 20A 输入 20Arms(无保险丝)
电阻	
挡位	199.9Ω,1.999kΩ,19.99kΩ,199.9kΩ,1999kΩ,19.99MΩ
年精度 15~35℃	200Ω,2kΩ,20kΩ,200kΩ,2000kΩ 挡 $\pm(0.2\%$读数$+1$位); 20MΩ 挡 $\pm(0.5\%$读数$+1$位)
反应时间	200Ω,2kΩ,20kΩ,200kΩ,2000kΩ 挡:0.5s; 20MΩ 挡:4s
通过的电流	200Ω 挡:1mA 2kΩ 挡:1mA 20kΩ 挡:100μA 200kΩ 挡:1μA 2000kΩ 挡:1μA 20MΩ 挡:0.1μA
最大输入电压	300VDC/ACrms,所有挡位
导通检测	
说明	内置蜂鸣器,当导电值小于 10Ω 时,发声响
测试电流	最大 1.0mA
开路电压	最大 13V
环境	
操作环境	在室内使用,海拔不超过 2000m,安装等级Ⅲ,污染程度 2
操作温度范围	0~50℃
储存温度范围	-10~70℃
湿度范围	在 2000kΩ,20MΩ 挡时为:0~80%,0~35℃; 在其他挡时为:0~90%,0~35℃,0~70%,35~50℃

续表

其他	
最大共模电压	1200V 峰值或 500VDC/ACrms
显示器	7 段式 LED,0.5″高
尺寸	95mm(高)×245mm（宽）×280mm（长）
重量	2.5kg
电源	AC100V,AC120V,AC220V 或 AC230V,50～400Hz,5W

1.2.3　操作说明

本节将介绍装机和仪器操作。操作这台万用表前应详细阅读并理解这部分内容。

1．电源输入

此仪器提供 4 种输入电源：AC100V,AC120V,AC220V 或 AC230V,50～400Hz。在接上交流电源线前,确认仪器的电源电压符合需求,在仪器背面板上标示有所需交流电源线的电压值。

警告：为避免电击的危险,电源线的接地保护导体必须接地。

注意：为避免损坏仪器,请勿在温度超过摄氏50℃的环境下使用仪器。

2．操作特性

全部控制、连接、显示的位置和功能如图 1-4 所示。

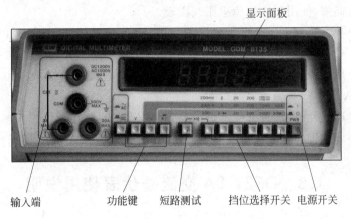

图 1-4　前面板布局图

3．输入端连接

输入部分有 4 个输入端子(2A、20A、V-Ω 和 COM)与待测的信号源或电阻相连。测量信号源时,2A 和 20A 或 V-Ω 和 COM 端子分别与信号源的高、低端相连。待测电阻则连接在 V-Ω 和 COM 之间。

4．过载保护

读数显示闪烁不定表示发生过载情况。在任何挡位内,V-Ω 和 COM 端子之间的直流电压可耐受至 1200V。在 20V、200V 和 1200V 挡,V-Ω 和 COM 端子之间的交流电压可耐受至 1000Vrms(且不超过 10^7V·Hz);在 200mV、2V 挡,V-Ω 和 COM 端子之间的交流电压可耐受至 750Vrms。在 2A 和 COM 端子之间,当输入电流大于 2A 和最大电压大于 2V 时,即有保险丝保护。20A 和 COM 端子用于信号输入。在 20A 的输入端有符号提醒操作者,其最大测量电流为 20A,且无保险丝保护装置。在电阻测量保护上允许 V-Ω 和 COM 端子之间的最大电压为 300Vrms。

5. 基本仪器测量

基本仪器测量指示请参阅表 1-3。

表 1-3 基本仪器测量指示

测量	功能	挡　　位	输入端连接方式	备注
DC(V)	DC(V)	200mV,2V,20V,200V,1200V	V-Ω 和 COM	自动极性
DC(mA)	DC(mA)	200μA,2mA,20mA,200mA,2000mA	2A 和 COM	
		20A	20A 和 COM	
AC(V)	AC(V)	200mV,2V,20V,200V,1000V	V-Ω 和 COM	
AC(mA)	AC(mA)	20μA,2mA,20mA,200mA,2000mA	2A 和 COM	
		20A	20A 和 COM	
kΩ	kΩ	200Ω,2kΩ,20kΩ,200kΩ,2000kΩ,20MΩ	V-Ω 和 COM	

1.2.4 安全注意事项

(1) 搬运或储藏、使用时应避免重压或震动。

(2) 无专业技术人员处理时,在损坏的情况下,不应随便自行拆机,以免其特性受到影响。

(3) 注意使用电源 100V/120V/220V/230V 及保险丝的规格指示(220V/230V,0.1A; 100/120V,0.2A)。

(4) 本机使用线性电源,可确保本机的外壳与电源的良好接地保护状态。

(5) 操作环境范围为 0~50℃;应避免在高温、高湿度及磁场干扰的场所操作。

1.3 DF2170A 交流毫伏表使用说明

DF2170A 交流毫伏表是通用型电压表,具有频率范围宽、灵敏度和测量精度高、噪声低、测量误差小等优点,并具有非常好的线性度。该系列电压表还具有外形美观、操作方便、开关手感好、内部电路先进、结构紧凑、可靠性好等特点。

DF2170A 交流毫伏表采用两组相同而又独立的线路及双指针表头,故可在同一表面同时指示两个不同交流信号的有效值,方便地进行双路交流电压的同时测量和比较,同时监视输出。"同步—异步"操作,给测量特别是立体声双通道的测量带来极大的方便。

1.3.1 技术参数

(1) 电压测量范围:30μV~300V。

(2) 测量电压频率范围:5Hz~2MHz。

（3）测量电平范围：$-90\sim+50$dB；$-90\sim+52$dBm。

（4）输入/输出形式：接地/浮置。

（5）固有误差：以 1kHz 为基准。

① 电压测量误差：$\pm3\%$（满度值）。

② 频率影响误差：20Hz～20kHz：$\pm3\%$；5Hz～1MHz：$\pm5\%$；5Hz～2MHz：$\pm7\%$。

③ 测量条件：温度为 20℃$\pm$2℃，相对湿度不大于 50%，大气压力范围为 86～106kPa。

（6）工作误差。

① 电压测量误差：$\pm5\%$（满度值）。

② 频率影响误差：20Hz～20kHz，$\pm5\%$；5Hz～1MHz，$\pm7\%$；5Hz～2MHz，$\pm10\%$。

（7）两通道之间的误差：不超过满度值的 5%（1kHz）。

（8）输入阻抗：在 1kHz 时，输入阻抗约 $2M\Omega$，输入电容不大于 20pF。

（9）噪声：在输入端良好短路时不大于 $10\mu V$。

（10）输出监视特性。

① 开路输出电压约为 100mV（输入电压满刻度值时）。

② 输出阻抗约 600Ω，失真不大于 5%。

（11）工作环境。

① 温度：0～$+40$℃。

② 相对湿度：小于 RH80%。

③ 大气压：86～104kPa。

1.3.2　工作原理

DF2170A 交流毫伏表由输入衰减器、前置放大器、电子衰减器、主放大器、线性放大器、输出放大器、电源及控制电路组成。

前置放大器由高输入阻抗和低输出阻抗的复合放大器组成。由于采用低噪声器件和工艺措施，因此具有较小的本机噪声。输入端还具有过载保护功能。

电子衰减器由集成电路组成，受 CPU 控制，因此具有较高的可靠性及长期工作的稳定性。主放大器由几级宽带低噪声、无相移放大器组成，由于采用深度负反馈，因此电路稳定可靠。线性检波电路是一个宽带线性检波电路，由于采用了特殊电路，使检波线性达到理想线性化。控制电路采用数码开关和 CPU 相结合控制的方式来控制被测电压的输入量程，用指示灯指示量程范围，更加醒目。当量程切换至最低或最高挡位时，CPU 会发出报警声提示。

其他辅助电路还有开机关机表头保护电路，避免了开机和关机时表头指针受到冲击。

1.3.3　使用方法

1．交流毫伏表面板布局图

交流毫伏表的前面板、后面板布局分别如图 1-5 和图 1-6 所示。

2．使用方法

（1）通电前，先调整电表指针的机械零点，并将仪器水平放置。

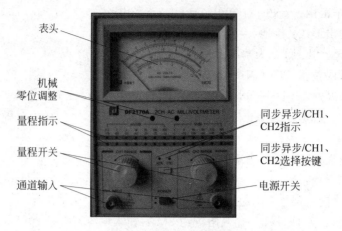

图 1-5　DF2170A 交流毫伏表前面板布局图

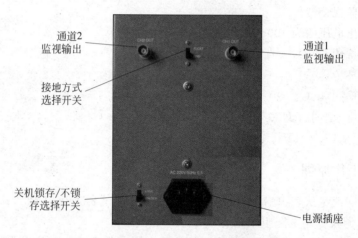

图 1-6　DF2170A 交流毫伏表后面板布局图

（2）接通电源,按下电源开关,各挡位发光二极管全亮,然后自左至右依次轮流检测。检测完毕后停止于 300V 挡指示,并自动将量程置于 300V 挡。

（3）测量 30V 以上的电压时,需注意安全。

（4）所测交流电压中的直流分量不得大于 100V。

（5）接通电源及输入量程转换时,由于电容存在放电过程,指针有所晃动,需待指针稳定后读取读数。

（6）同步/异步方式。

当按动面板上的同步/异步选择键时,可选择同步/异步工作方式,SYNC 灯亮为同步工作方式,ASYN 灯亮为异步工作方式。在异步工作方式时,CH1 和 CH2 通道相互独立控制工作;在同步工作方式时,CH1 和 CH2 的量程由任一通道控制开关控制,使两通道具有相同的测量量程。

（7）浮置/接地功能。

① 当将开关置于"浮置"时,输入信号地与外壳处于高阻状态;当将开关置于"接地"时,输入信号地与外壳接通。

② 在音频信号传输中,有时需要平衡传输,此时测量其电平时,不能采用接地方式,需要浮置测量。

③ 在测量 BTL 放大器时,输入两端任一端都不能接地,否则将会引起测量不准,甚至烧坏功放,此时宜采用浮置方式测量。

④ 某些需要防止地线干扰的放大器或带有直流电压输出的端子及元器件二端电压的在线测试等均可采用浮置方式测量,以免由于公共接地带来的干扰或短路。

(8) 监视输出功能。

该系列仪器均具有监视输出功能,因此可作为独立放大器使用。

① 当 300μV 量程输入时,该仪器可以放大 316 倍(50dB)。

② 当 1mV 量程输入时,仪器可以放大 100 倍(40dB)。

③ 当 3mV 量程输入时,仪器可以放大 31.6 倍(30dB)。

④ 当 10mV 量程输入时,仪器可以放大 10 倍(20dB)。

⑤ 当 30mV 量程输入时,仪器可以放大 3.16 倍(10dB)。

(9) 关机锁存功能。

① 当将后面板的关机锁存/不锁存选择开关拨向 LOCK 时,在选择好测量状态后关机,当重新开机时,仪器会自动初始化,回到关机前所选择的测量状态。

② 当将后面板的关机锁存/不锁存选择开关拨向 UNLOCK 时,每次开机时,仪器自动选择在量程 300V 挡,ASYN(异步)/CH1 状态。

1.3.4 维护和保养

1. 维护

(1) 仪器应放在干燥及通风的地方,并保持清洁。久置不用时,应盖上塑料套。

(2) 仪器应避免剧烈震动,仪器周围不应有高热及强电磁场干扰。

(3) 仪器使用电压为 220V(50Hz),电压不应过高或过低。

(4) 仪器应在规定的电压量程内使用,尽量避免超量程使用,避免烧坏仪器。

2. 修理

(1) 仪器电源接通后,若指示灯不亮,表头无反应,应检查电源保险丝是否烧坏。

(2) 若保险丝完好,检查机内电源±6V、+5V 是否正常。若正常,应进一步检查控制电路、放大电路等电路故障。

(3) 检修后对仪器测量电压精度进行校正,应对不同量程、不同频率进行全性能的计算。线路板上的 RP201 为在 1V 电压挡 1kHz 满度时校正表头,VC201 为校正 1~300V 挡频响。

1.4 GOS-6021 双通道示波器使用说明

1.4.1 产品介绍

1. 简述

20MHz 双通道 GOS-6021 示波器是一般用途的手提式示波器,用微处理器为核心的操作系统以控制仪器的数字面板设定。使用光标功能,可从荧幕上的文字符号直接读出电压、时间、频率。有 10 组不同的面板设定,可任意存储及调用。该示波器的垂直偏向系统有两个输入通道,每一通道从 1mV～20V,共有 14 种偏向挡位,水平偏向系统从 $0.2\mu s$ ～0.5s,可在垂直偏向系统的全屏宽度下稳定触发。

2. 特性

(1) 内部附有刻度的高亮度阴极射线管(Cathode Ray Tube,CRT)。此示波器使用一个内部有刻度的 6 英寸方形阴极射线管,即使在高速扫描时也可清晰显示轨迹。

(2) 内部有 6 位频率计数器,精确度在 ±0.01% 范围内,可测试 50Hz～20MHz 之间的频率。

(3) 具有 ALT-MAG 功能。使用该功能,可使基本扫描波形和放大扫描波形一起显示。放大率分 3 挡,分别为 ×5、×10 和 ×20,放大波形显示在荧屏中央。

(4) 方便的 VERT-MODE 触发。当切换到 VERT-MODE 后,同步触发信号源会自动调整,这表明在 VERT-MODE,不必每次都要改变触发源。

(5) TV 触发。电视同步分离电路技术对场、行电视信号进行稳定的测量。

(6) 具有 HOLD OFF 功能。该功能用于获得稳定的同步,对于仅通过触发电平调节难以同步的复杂波形也适用。

(7) 在信号线中部,分支输入信号可获得 CH1 信号输出。当输入信号为 50mV/DIV,输出端连接一计数器,就可以一边观察波形一边测量信号的频率。

(8) 具有 Z 轴亮度调节功能。可从外部输入遮没(blanking)信号,借由脉冲信号进行时间刻度标记的亮度调节。

(9) 具有 LED 指示器和蜂鸣报警器。LED 位于前面板,用于辅助和显示附加资料。在不当的操作和控制钮被旋转到底的情况下,蜂鸣器会发出警讯。

(10) 该仪器利用最先进的 SMD(Surface Mounted Devices,表面贴装器件)技术制造,以减少内部布线数量和缩短内部印刷电路板(Printed Circuit Board,PCB)铜箔路线。

(11) 体积小,尺寸仅为 275(W)×130(H)×370(D)mm,使用方便。

1.4.2 技术规格

相关技术指标见表 1-4。

表 1-4 技术指标

CRT	形式	内有刻度的 6 寸方形 CRT (0%、10%、90%、100% 的记号) 8×10DIV (1DIV = 1cm)
	加速电压	大约 2kV
	亮度和聚焦	前面板控制
	发光度	参考提供
	CRT 定位	参考提供
	Z 轴输入	灵敏度大于 5V;极性:正向降低亮度;输入阻抗:约 47kΩ;频率范围:DC～2MHz;最大输入电压:30V (DC,+AC 峰值),1kHz

续表

垂直系统	灵敏度误差	1mV/DIV～2mV/DIV：±5％,；5mV/DIV～20V/DIV：±3％；1-2-5 顺序,14 个挡位			
	可调垂直灵敏度	面板表示值的 1/2.5 或更少,持续可调			
	带宽（－3dB）和上升时间	灵敏度		带宽（－3dB）	上升时间
		5mV/DIV～20V/DIV		DC～20MHz	大约 17.5ns
		1mV/DIV～2mV/DIV		DC～7MHz	大约 0.50ns
	最大输入电压	400V(DC ＋ AC 峰值) 1kHz			
	输入耦合	AC, DC, GND			
	输入阻抗	约 1MΩ±2％,25pF			
	垂直模式	CH1，CH2,DUAL(CHOP/ALT)，ADD,CH2 INV			
	CHOP 频率	大约 250kHz			
	动态范围	8DIV,20MHz			
水平系统	扫描时间	0.2μs/DIV～0.5s/DIV,1-2-5 顺序,20 个挡位			
	精度	±3％,±5％(×5MAG,×10MAG),±8％ (×20MAG)			
	扫描放大	×5MAG,×10MAG,×20MAG			
	最大扫描时间	50ns/DIV(10～40ns/DIV 不被校正)			
	ALT-MA 功能	可用			
触发系统	触发模式	AUTO,NORM,TV			
	触发源	VERT-MODE,CH1,CH2,LINE,EXT			
	触发耦合	AC,HFR,LFR,TV-V（－）,TV-H（－）			
	触发斜率	"＋"或"－"斜率			
	触发灵敏度	频率范围	CH1,CH2	VERT-MODE	EXT
		20Hz～2MHz	0.5DIV	2.0DIV	200mV
		2～20MHz	1.5DIV	3.0DIV	800mV
		TV 同步脉冲,大于 1DIV （CH1、CH2、VERT-MODE）或者 200mV（EXT）			
	外部触发输入	输入阻抗：约 1MΩ/25pF(AC 耦合)；最大输入电压：400V(DC ＋ AC 峰值) 1kHz			
	Hold-off 时间	可调			
X-Y 操作	输入	X 轴：CH1；Y 轴：CH2			
	灵敏度	1mV/DIV～20V/DIV			
	带宽	X 轴：DC～500kHz （－3dB）			
	相位差	小于 3°,DC～50kHz			
CRT 读数	面板设置显示	CH1/CH2 灵敏度,扫描时间,触发条件			
	面板设置储存与调用	10 组			
	光标测量	光标测量功能：ΔV,ΔT,1/ΔT；光标分辨率：1/25DIV；有效光标范围：垂直±3DIV,水平±4DIV			
	频率计数器	显示位数：6 位；频率范围：50Hz～20MHz；精度：±0.01％；测量灵敏度：大于 2DIV			

续表

电源要求	电压	AC100V，120V，230V ±10%,可选
	频率	50Hz 或 60Hz
	功耗	大约 60VA，50W(max)
机械性能	尺寸	275mm（W）×130mm（H）×370mm（D）
	重量	8kg
操作环境	(1) 用于室内； (2) 海拔高度小于 2000m； (3) 安全规格的温度：10～35℃； (4) 操作温度：0～40℃； (5) 相对湿度：最高 85% RH； (6) 安全等级：H； (7) 污染程度：2	
储存条件	温度：－10～ 70℃，相对湿度≤70%	

1.4.3 使用前的注意事项

1. 检查电源电压

此仪器可用表 1-5 所示的电源电压。接通电源前，先确定后面板电压选择器设定在与电压相符的位置，以免损坏仪器。当电源电压改变时，请选择表 1-5 中列出的匹配保险丝。

表 1-5 电源电压与保险丝

电源电压	范围	熔丝	电源电压	范围	熔丝
100V 120V	90～110V 108～132V	T1A 250V	230V	207～250V	T0.4A 250V

警告：更换保险丝装置之前，要拔掉电源插头，以免触电。

2. 操作系统

此仪器操作的环境温度为 0～40℃,超过这个范围,电路可能会损坏。此外,请勿将该仪器放于磁场或电场附近,以免造成测量误差。

3. 仪器的安装和操作

为了保护该仪器,请保持出风口的通畅,否则该仪器提供的安全保证会大打折扣。

4. CRT 的亮度

为了避免 CRT 的永久损坏,请勿将光点长时间停在一处,也不要将波形轨迹调得太亮。

5. 输入端子的耐压

该示波器及探头输入端子所能承受的最大电压如表 1-6 所示。请勿使用高于该范围的电压,以免损坏仪器。

表 1-6 输入端子的耐压

输入端	最大输入电压	输入端	最大输入电压
CH1,CH2 输入端	400V(DC+AC 峰值)	探棒输入端	600V（DC+AC 峰值）
EXT TRIG 输入端	400V(DC+AC 峰值)	Z 轴输入端	30V（DC+AC 峰值）

注意：最大输入电压的频率不可大于 1kHz,否则会损坏仪器。

1.4.4 面板介绍

打开示波器电源后,主要面板设定都会显示在荧屏上。LED 位于前面板,用于辅助和指示附加资料的操作。不正确的操作或将控制钮转到底时,蜂鸣器都会发出报警声。所有的按钮、TIME/DIV 控制钮都是电子式的,它们的功能和设定都可以存储。

1. 前面板

前面板(见图 1-7)可以分成 4 大部分、即显示器控制(见图 1-8)、垂直控制(见图 1-9)、水平控制(见图 1-10)和触发控制(见图 1-11)。

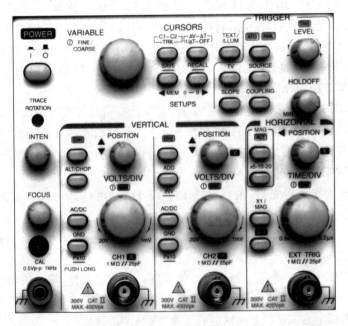

图 1-7　GOS-6021 前面板

显示器控制钮(如图 1-8 所示)用于调整荧屏上的波形,并提供探头补偿的信号源。

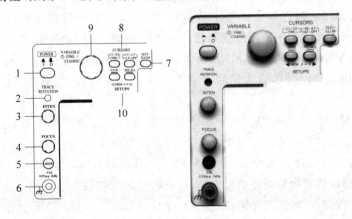

图 1-8　显示器控制

(1) POWER：当电源接通时，LED 会全部发亮，然后显示一般的操作程序，接着执行上次开机前的设定，LED 显示进行中的状态。

(2) TRACE ROTATION：使水平轨迹与水平线平行，可用小螺丝刀来调整该电位器。

(3) INTEN—控制钮：用于调节波形亮度，逆时针方向调节可减低亮度。

(4) FOCUS：聚焦钮，用于调节波形的清晰度。

(5) CAL：此端子输出一个 $0.5V_{p-p}$、1kHz 的参考信号给探棒使用。

(6) Ground socket：接地插座。此接头可作为直流的参考电压，或用于低频信号的测量。

(7) TEXT/ILLUM：用于选择 TEXT 读数亮度功能和刻度亮度功能，以 TEXT 或 ILLUM 显示。在读数装置中，按钮后将按以 TEXT→ILLUM→TEXT 的次序变化。

TEXT/ILLUM 功能和 VARIABLE 控制钮（即图 1-8 中第 9 项）相关。顺时针旋转 TEXT/ILLUM 旋钮将增加 TEXT 亮度或刻度亮度，逆时针旋转此钮则反之，按此钮可以打开或关闭 TEXT/ILLUM 功能。

(8) CURSORS：用于实现光标测量功能，有两个按钮和 VARIABLE 控制按钮有关。

① ΔV-ΔT-1/ΔT-OFF 按钮：当此按钮按下时，3 个测量功能将以下面的次序选择。

- ΔV：出现两个水平光标，根据 VOLTS/DIV 的设置，可计算两条光标之间的电压。ΔV 显示在 CRT 上部。

- ΔT：出现两个垂直光标，根据 TIME/DIV 设置，可计算出两条垂直光标之间的时间，ΔT 显示在 CRT 上部。

- 1/ΔT：出现两个垂直光标，根据 TIME/DIV 设置，可计算出两条垂直光标之间的时间的倒数，1/ΔT 显示在 CRT 上部。

② C1-C2-TRK 按钮：光标 1 和光标 2 的轨迹可由此钮选择，按此钮将以下面的次序选择光标。

- C1：使光标 1 在 CRT 上移动（显示"▼"或"◣"符号）。

- C2：使光标 2 在 CRT 上移动（显示"▼"或"◣"符号）。

TRK：同时移动光标 1 和光标 2，保持两个光标之间的距离不变（两个符号都将显示）。

(9) VARIABLE：通过旋转或按下该按钮，可以设定光标位置 TEXT/ILLUM 功能。在光标模式中，按 VARIABLE 控制钮可以在 FINE（细调）和 COARSE（粗调）之间选择光标位置。如果旋转 VARIABLE，选择 FINE 调节，光标移动得慢；选择粗调，光标移动得快。

在 TEXT/ILLUM 模式，这个控制钮用于选择 TEXT 亮度，请参考 TEXT/ILLUM 按钮的介绍。

(10) "◢"MEMO—0～9"◣"——SAVE/RECALL：此仪器包含 10 组非易失性的记忆器，可用于储存和调用所有电子式选择键的设定状态。

按"◢"或"◣"钮选择记忆位置，此时"M"字母后跟着 0～9 之间的数，显示存储位置。每按一下"◣"，储存位置的号码将增加 1 个，直到数位 9。按"◢"钮，号码一直减小到 0 为止。长按 SAVE 约 3 秒钟，可将状态存储到记忆器，并显示 SAVE 信息。荧屏上有"↵"显示。

选择调用的记忆器，长按 RECALL 钮 3 秒钟，即可调用先前设定状态，并显示 RECALL 的信息，荧屏上有"↰"显示。

调节垂直控制按钮（如图 1-9 所示），可选择输出信号及控制幅值。

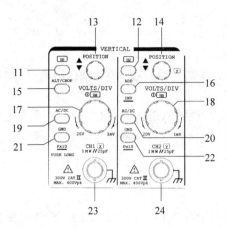 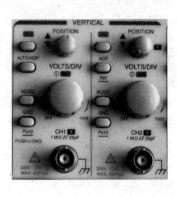

图 1-9 垂直控制

（11）CH1—按钮。

（12）CH2—按钮。

快速按下 CH1 或 CH2 按钮,通道 1 或通道 2 处于导通状态,偏转系数将以读数方式显示。

（13）CH1 POSITION 控制钮。

（14）CH2 POSITION 控制钮。

通道 1 和通道 2 的垂直波形定位可用 13、14 这两个旋钮来设置。

X-Y 模式中,CH2 POSITION 可用来调节 Y 轴信号偏转灵敏度。

（15）ALT/CHOP:这个按钮有多种功能。只有 CH1 和 CH2 两个通道都开启后,该按钮才起作用。

ALT 指在读出装置显示交替通道的扫描方式。在仪器内部每一时基扫描后,切换至 CH1 或 CH2,反之亦然。

CHOP 是指切割模式的显示。每一扫描期间,不断在 CH1 和 CH2 之间进行切换扫描。

（16）ADD-INV:这是一个具有双重功能的按钮。ADD 功能是指读出装置显示"＋"号,表示相加模式。由相位关系和 INV 的设定决定输入信号相加还是相减,两个信号将成为一个信号显示,为使测试正确,两个通道的偏向系数必须相等。INV 功能是指按住此钮一段时间,设定 CH2 反向功能的开/关,反向状态将会在读出装置上显示"↓"号。反向功能会使 CH2 信号反向 $180°$。

（17）CH1 VOLTS/DIV。

（18）CH2 VOLTS/DIV。

CH1/CH2 的控制钮,有双重功能。顺时针方向调整旋钮,以 1-2-5 顺序调整,可增加灵敏度;逆时针调整旋钮,则减小灵敏度。挡位从 1mV/DIV～20V/DIV。如果关闭通道,此控制钮自动停止工作。使用中,通道的偏向系数和附加资料都显示在读出装置上。

按住 VAR 钮一段时间,即选择 VOLTS/DIV 作为衰减器或作为调整的功能。开启 VAR 后,以"＞"符号显示,逆时针旋转此钮将降低信号的高度,且偏向系数成为非校正条件。

（19）CH1　AC/DC。

（20）CH2　AC/DC。

按一下按钮,切换交流("～"的符号)或直流("⚊"的符号)的输入耦合。此设定及偏向系数显示在读出装置上。

(21) CH1 GND—P×10。

(22) CH2 GND—P×10。

它们具有双重功能。按一下按钮，将使垂直放大器的输入端接地，接地符号"⏚"显示在读出装置上。

长按按钮将取 1：1～10：1 之间的读出装置的通道偏向系数，10：1 的电压探头以符号表示在通道前。在进行光标电压测量时，会自动包括探头的电压因素，如果 10：1 衰减探棒不使用，符号不起作用。

(23) CH1-X：输入 BNC 插座。

(24) CH2-Y：输入 BNC 插座。

它们是 CH1/CH2 信号的输入端。在 X-Y 模式，输入信号是 X 轴/Y 轴的偏移。为安全起见，此端子接地，而该接地端也连接到电源插座。

调节水平控制按钮（如图 1-10 所示），可选择时基操作模式和调节水平刻度及位置和信号的扩展。

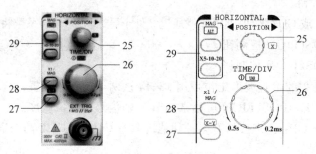

图 1-10　水平控制

(25) H POSITION：调节该控制钮，可将信号在水平方向移动。与 MAG 功能合并使用，可移动荧屏上任何信号。在 X-Y 模式中，该控制钮调整 X 轴偏转灵敏度。

(26) TIME/DIV-VAR：这是一个控制旋钮。调节该旋钮，时间偏向系数将以 1-2-5 的顺序递减；反方向旋转，则时间偏向系数递增。时间偏向系数显示在读出装置上。在主时基模式时，如果 MAG 不工作，可在 0.5s/DIV 和 0.2μs/DIV 之间选择以 1-2-5 顺序变化的时间偏向系数。

按住此钮一段时间，选择 TIME/DIV 控制钮为时基或可调功能。打开 VAR 后，可对时间的偏向系数进行微调。逆时针方向旋转，将增加时间偏向系数（降低速度），偏向系数非校正的设定以">"符号显示在读出装置中。

(27) X-Y：按住此钮一段时间，仪器可作 X-Y 示波器用。X-Y 符号将取代时间偏向系数显示在读出装置上。在这个模式中，CH1 输入端加入 X（水平）信号，CH2 输入端加入 Y（垂直）信号。Y 轴偏向系数范围为 1mV～20V/DIV，带宽为 500kHz。

(28) ×1/MAG：按下此按钮，将在×1（标准）和 MAG（放大）之间选择扫描时间，如果用 MAG 功能，信号波形将会扩展，此时只能看见一部分的信号波形。调整 H POSITION 可以看到想要的信号部分。

(29) MAG：放大功能选择按钮。

① ×5-×10-×20MAG：当处于放大模式时，波形向左右方向扩展，并显示在荧屏中

心。放大率有 3 挡：×5-×10-×20MAG。按 MAG 钮可分别选择。

② ALT MAG：按下此钮，可以同时显示原始波形和放大波形。放大扫描波形在原始波形下面 3DIV（格）距离处。

调节触发控制按钮（如图 1-11 所示），可决定两个信号及双轨迹的扫描起点。

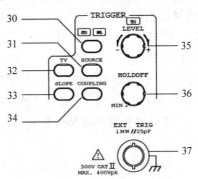

图 1-11　触发控制

（30）ATO/NML：调节此按钮选择自动或一般触发模式，LED 会显示实际的设定。每按一次控制钮，触发模式依下面次序改变：ATO→NML→ATO。

① ATO（AUTO，自动）：选择自动模式。如果没有触发信号，时基线会自动扫描轨迹，只有 TRIGGER LEVEL 控制钮调整到新的电平设定时，触发电平才会改变。

② NML（NORMAL）：选取一般模式。当 TRIGGER LEVEL 控制钮设定在信号峰值之间的范围有足够的触发信号时，输入信号会触发扫描。当信号未触发，就不会显示时基线轨迹。当同步信号变成低频信号时，使用这一模式（25Hz 或更少）。

（31）SOURCE：按此按钮选择触发信号源，实际的设定由 LED 指示及直读显示（SOURCE，SLOPE，COUPLING）。当按钮按下时，触发源按下列顺序改变：VERT—CH1—CH2—LINE—EXT—VERT。

① VERT（垂直模式）：为了可以观察两个波形，同步信号将随着 CH1 和 CH2 上的信号轮流改变。

② CH1（CH2）：触发信号源来自 CH1（CH2）的输入端。

③ LINE：触发信号源从交流电源取样波形获得。对显示与交流电源频率相关的波形极有帮助。

④ EXT：触发信号源从外部连接器输入，作为外部触发信号源。

（32）TV：选择视频同步信号的按钮。

从混合波形中分离出视频同步信号，直接连接到触发电路，由 TV 按钮选择水平或混合信号，当前设定以 SOURSE、VIDEO、POLARITY、TV-V 或者 TV-H 显示。当按钮按下时，视频同步信号以下列次序改变：TV-T—TV-H—OFF—TV-V。

① TV-V：主轨迹始于视频图场的开端，SLOPE 的极性必须配合复合视频信号的极性（"⎍⎍"为负脉冲），以便触发 TV 信号场的垂直同步脉冲。

② TV-H：主轨迹始于视频图场的开端，SLOPE 的极性必须配合复合视频信号的极性，以便触发电视图场的水平同步脉冲。

（33）SLOPE：触发斜率选择按钮。

按一下此按钮，选择信号的触发斜率以产生时基。每按一下此钮，斜率方向会从下降沿移动到上升沿,反之亦然。此设定在 SOURCE,SLOPE,COUPLING 状态下显示在读出装置上。在 TV 触发模式中,只有同步信号是负极性时,才可同步。"⌐⌐"符号显示在读出装置上。

(34) COUPLING:按下此钮选择触发耦合,实际的设定由 LED 及读出显示(SOURCE,SLOPE,COUPLING)。每次按下此钮,触发耦合以下列次序改变:AC—HFR—LFR—AC。

① AC:将触发信号衰减到频率为 20Hz 以下,阻断信号中的直流部分。交流耦合对有大的直流偏移的交流波形的触发很有帮助。

② HFR(High Frequency Reject):将触发信号中 50kHz 以上的高频部分衰减。HFR 耦合提供低频成分复合波形的稳定显示,并对除去触发信号中的干扰有帮助。

③ LFR(Low Frequency Reject):将触发信号中 30kHz 以下的低频部分衰减,并阻断直流成分信号。LFR 耦合提供高频成分复合波形的稳定显示,并对除去低频干扰或电源杂音干扰有帮助。

(35) TRIGGER LEVEL:带有 TRG、LED 的控制钮。旋转此控制钮可以输入一个不同的触发信号(电压),设定在合适的触发位置,开始波形触发扫描。触发电平的大约值会显示在读出装置上。顺时针调整控制钮,触发点向触发信号正峰值移动;逆时针调整,触发点将向负峰值移动。当设定值超过观测波形的变化部分,稳定的扫描将停止。

如果符合触发条件,TRG LED 亮,触发信号的频率决定 LED 是亮还是闪烁。

(36) HOLD OFF:当信号波形复杂,使用 TRIGGER LEVEL 控制钮不可获得稳定的触发,旋转 HOLD OFF 控制钮可以调节 HOLD OFF 时间(禁止触发周期超过扫描周期)。当此钮顺时针旋转到头时,HOLD OFF 周期最小;逆时针旋转时,HOLD OFF 周期增加。

(37) TRIG EXT:外部触发信号的输入端 BNC 插头。

按 SOURCE 按钮,一直到读出装置中出现 EXT,SLOPE,COUPLING。外部连接端连接到仪器地端,因而和安全地端线相连。不要加入比限定值更高的电压。

2.后面板

后面板示意图如图 1-12 所示。

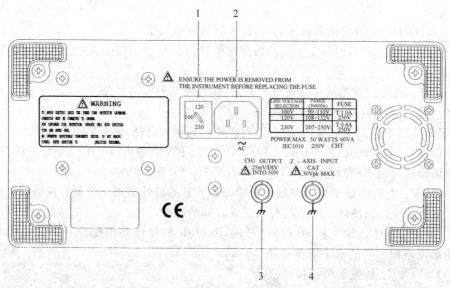

图 1-12 后面板示意图

（1）LINE VOLTAGE SELECTOR AND INPUT FUSE HOLDER：电源电压选择器以及输入端保险丝座。

（2）AC POWER INPUT CONNECTOR：交流电源输入端子。连接交流电源线到仪器的电源供应器上。电源线接地保护端子必须连接仪器的无遮蔽的金属，电源线要连接到适当的接地源以防电击。

（3）CH1 输出：BNC 插头。此输出端子连接到频率计数器或其他仪器。

（4）Z-AXIS INPUT：Z 轴输入端。连接外部信号到 Z 轴放大器，调节 CRT 的亮度。此端子为直流耦合。输入正信号，将降低亮度；输入负信号，将增加亮度。

1.4.5 操作方法

本节介绍在利用示波器测量之前需要掌握的基本操作和技术。

1. 读出显示器

CRT 读出显示器显示一些仪器的旋钮及控制钮所设定而不标示的值。读出数据显示的位置和状态如图 1-13 所示。

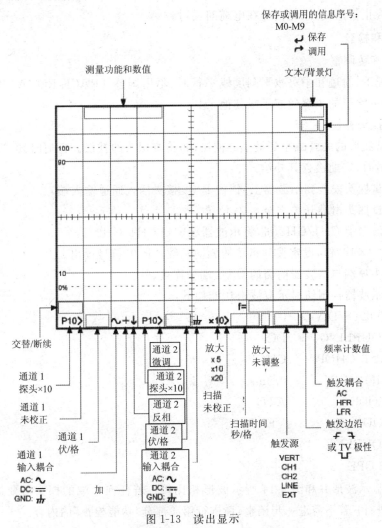

图 1-13 读出显示

31

2．输入信号的连接

1）接地

最可靠的信号测量是当示波器和被测的仪器除了连接信号导线和测试探棒外，再连接一般接地导线来完成。测试棒的接地线提供了信号相互连接的最好接地方法，保证了测试探棒电源线最大量的信号导线保护。接地导线可连接被测体或位于前面板的接地插座。

2）测试探棒

以最简单方式连接一个输入信号到示波器上，标准的×1/×10。测试棒保护示波器不受电磁干扰，并有低电路负载的高输入阻抗。

注意：要准确取得最好波形，测试探棒的接地线和信号线越短越好。

如果测试探头补偿调整不当，会引起测量误差，只要测试探头在不同的通道或不同的示波器使用，就必须先检查并调整测试探头补偿调整程序，请参考"测试探头补偿"的说明。

3）同轴电缆

信号输入电缆会影响波形显示的精确度。使用高品质、低损失的同轴电缆，可维持输入信号的初始频率特性。同轴电缆特有的电阻可维持输入信号的初始频率特性。同轴电缆特有的电阻要终止于两端，以免信号在电缆间反射。

3．调整和检查

1）轨迹旋转调整

正常情况下，轨迹和中央水平刻度线平行时，不用调整 TRACE ROTATION。若要调节，使用一个一字形的小螺丝起子或其他工具。

2）测试探头补偿

可将测试波形的失真减小到最小。使用前，检查探头的补偿。任何时候，当探棒移至不同的输入通道时，定期检查其补偿。

① 将测试探头安装到示波器上（锁住 BNC 接头插入通道输入端）。

② 将测试探头滑动开关推至×10 位置。

③ 按示波器上 CH1/CH2 钮，将示波器设定到 CH1/CH2。

④ 按住"P×10"钮，设定拨到指示的偏向系数，"P10"符号读出。

⑤ 将探头顶端与示波器前面的 CAL 端子连接。

⑥ 设定示波器控制钮显示双波道功能如下：

垂直：	VOLTS/DIV	0.2V
	COUPLING	DC
	ALT/CHOP	CHOP
水平：	TIME/DIV	0.5ms
触发：	MODE	ATO
	SOURCE	VERT
	COUPLING	AC
	SLOPE	⌐┌

⑦ 观察显示波形并和图 1-14 所示波形相比较。若任何一端的探头需要调整，按照步骤⑧的指示进行；若不需进一步调整，请进行第 4 部分"功能检查"的内容。

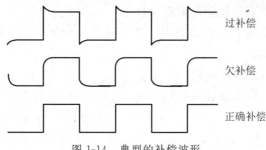

图 1-14　典型的补偿波形

⑧ 使用绝缘的小螺丝起子调整探头,慢慢地旋转调整钮,直到探头得到适当的补偿。

4．功能检查

按以下步骤检查示波器的操作。

① 安装×10 探头到 CH1、CH2 的输入端。

② 连接探头顶端到示波器 CAL 测试点。

③ 设定示波器控制钮显示双通道的功能如下:

垂直: VOLTS/DIV　　0.2V

　　　COUPLING　　　DC

　　　ALT/CHOP　　　CHOP

水平: TIME/DIV　　　0.5ms

触发: MODE　　　　　ATO

　　　SOURCE　　　　VERT

　　　COUPLING　　　AC

　　　SLOPE　　　　　X

图 1-15 显示了符合要求的波形。在 1kHz 频率时,波形大约为 $0.5V_{p-p}$,确认了示波器的水平和垂直偏置功能。

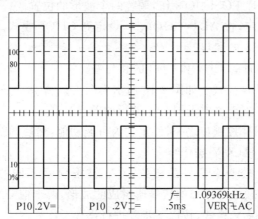

图 1-15　功能检查

④ 将 CH1 和 CH2 双通道的耦合切换到 GND。

⑤ 使用 CH1 和 CH2 POSITION 控制钮,将两条轨迹显示在中央刻度线上。

⑥ 按住 CH2 INV 钮,打开此功能。

⑦ 按一下 ADD 钮,设定到 ADD 模式。

⑧ 将 CH1 和 CH2 双通道耦合切换到 DC。

⑨ 如图 1-16 所示为符合要求的波形。显示在中央刻度线上平坦的波形,确认了通道平衡和 ADD 补偿的功能。

⑩ 按一下 ADD 钮,关闭此功能。

⑪ 按住 CH2 INV 钮,关闭此功能。

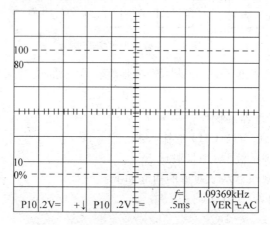

图 1-16　ADD 模式

5.基本操作

1) 显示 CH1 或 CH2

其目的是从信号通道显示信号。按 CH1 或 CH2 钮将示波器设定到 CH1 或 CH2。

2) 同时显示 CH1 和 CH2

按照以下步骤同时显示两个通道的信号。

① 打开 CH1 和 CH2。如图 1-17 所示为同时显示的两个波形。

② 调整 CH1 和 CH2 POSITION 钮,调整两个波形的位置。

③ 如果波形闪烁不定,按 ALT/CHOP 钮,设定到 CHOP 模式。

3) 显示 CH1 和 CH2 的和与差

按以下步骤进行,可计算 CH1 和 CH2 的和与差。

① 按 ADD 钮到 ADD 模式。如图 1-18 所示为图 1-17 中两个波形之和。

② 设定 CH2 INV 功能,在必要时显示波形的差异。

③ 按住 VOLTS/DIV 控制钮之一,设定它为可调功能,然后调整其增益差的发生。

4) 频率和相位的比较(X-Y 操作)

使用 X-Y 模式来比较两个信号的相位,X-Y 波形显示不同的振幅、频率、相位。如图 1-19 所示为两个相同频率和振幅的信号所组成的波形,两个信号的相位差约为 45°。

为使示波器设定在 X-Y 模式,按以下步骤进行操作。

① 连接水平或 X 轴信号到 CH1 输入端。

② 连接垂直或 Y 轴信号到 CH2 输入端。

③ 按 X-Y 钮,设定 X-Y 操作模式(如图 1-19 所示)。

④ 以 HORIZONAL POSITION 控制钮调整 X 轴。

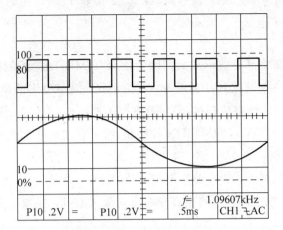

图 1-17　双通道典型波形

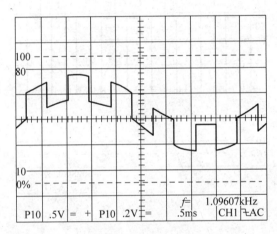

图 1-18　典型 ADD 波形

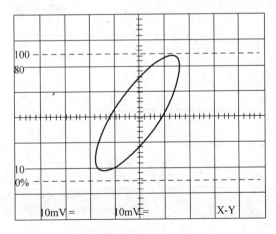

图 1-19　典型单个 X-Y 显示

注意：对于高频信号，在 X-Y 操作时，注意 X 轴和 Y 轴之间的频率宽度和相位差的规格。

5）放大观察波形

可使用 MAG 按钮将部分波形放大。因为使用 TIME/DIV 控制钮要从起始点开始观察，因距离太远，不易立即观察到。利用 MAG 按钮放大观察波形的步骤如下。

① 调整 TIME/DIV 到最快扫描，显示要观察的波形。

② 旋转 HORIZONTAL POSITION 控制钮，将观察波形移至荧屏中央。

③ 按下 MAG 按钮。

④ 选择 MAG×5、MAG×10 或者 MAG×20 进行放大。

完成以上过程后，观察的波形将会在左右方向放大 10 倍，扩展于荧屏的中央，如图 1-20 所示。

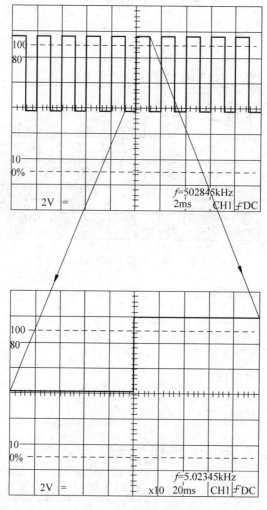

图 1-20　放大的波形

6）MAG-ALT 功能

按 MAG（放大）和 MAG-ALT（LED 灯）按钮，将使输入信号被显示。

① 设定波形中需要放大的部分于荧屏中央。

② 放大的波形在标准波形下面 3DIV 距离处，如图 1-21 所示。

③ 当按下 MAG-ALT 按钮时，恢复正常功能，不再具有放大显示的特性。

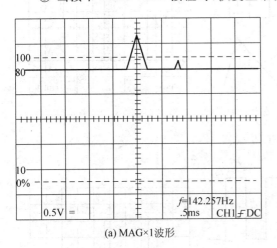

(a) MAG×1波形

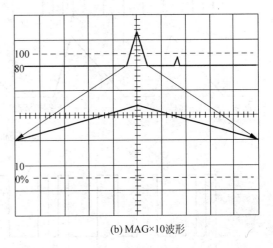

(b) MAG×10波形

图 1-21

7）持闭时间控制钮操作

当测试信号是一个包含两种以上重复频率周期的复合信号时，单独以 LEVEL 控制钮触发将不足以获得稳定波形。此时，调整扫描波形的持闭时间，测量波形可同时获得稳定的扫描图（如图 1-22(a)所示），显示的数个不同波形重叠在荧幕上。当持闭时间被设定到最小时（HO-LED 是暗的），将无法正确观察信号的波形。图 1-22(b)显示了不期望的部分被持闭。故在荧幕上的波形相同，不会重叠显示。

8）观察两个波形的同步

当 CH1 和 CH2 信号频率相同，但有一个时间差值时，SOURCE 从 CH1 或 CH2 信号中选择一个参考信号。从 CH1 位置选择 CH1 信号，从 CH2 位置选择 CH2 信号。

设定 SOURCE 到 VERT-MODE，可以观察不同频率的信号。给每个通道依次加入同步信号，每个通道的波形将稳定地触发。

设定 SOURCE 到 VERT-MODE，设定 ALT/CHOP 到 ALT，加到 CH1 或 CH2 通道的信号成为扫描期间的轮流触发源。因此，在每个通道中，不同频率的波形可以稳定地触发。

加一个正弦波给 CH1，加一个方波给 CH2，图 1-23 中的幅度 A 显示了可同步的电平范围。

给 CH1 加入 AC 耦合，扩展同步范围，如果 CH1 或 CH2 信号变小，调节 VOLT/DIV 控制钮可以使幅度增加。

VERT-MODE 触发电平比 CH1 或 CH2 信号电平大 2.0DIV。

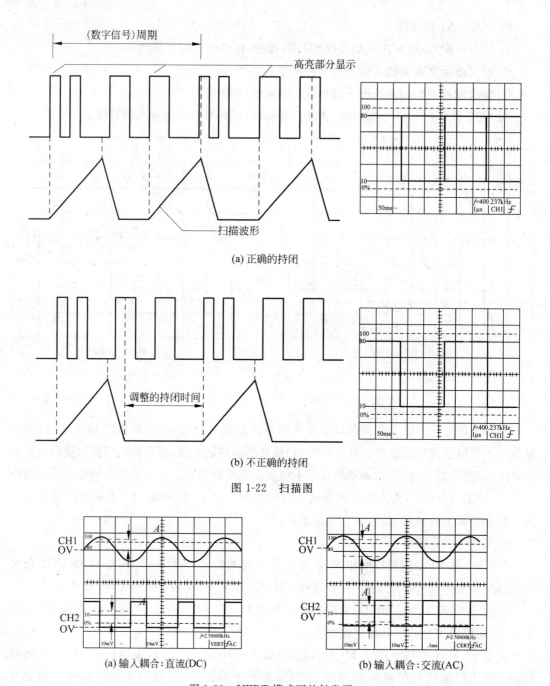

(a) 正确的持闭

(b) 不正确的持闭

图 1-22　扫描图

(a) 输入耦合：直流(DC)

(b) 输入耦合：交流(AC)

图 1-23　VERT 模式下的触发源

如果只在一个通道加入触发信号如图 1-24 所示，则 VERT-MODE 触发不可能发生。

9）轮流触发

如图 1-25 所示为轮流触发下抖动的波形，当设定 VERT-MODE 到 SOURCE，设定 ALT/CHOP 钮到 ALT，当用一个较高频率信号来触发一个较低频率的信号时，低频信号可能会抖动。设定 VERTICAL 模式到 CH1 或 CH2，可以清楚地观察每个信号。

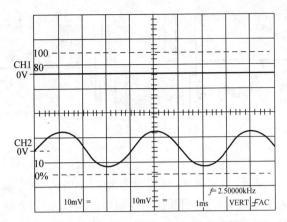

图 1-24 VERT 模式下一通道触发源

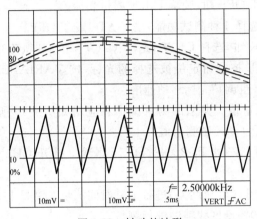

图 1-25 抖动的波形

10) 视频信号的触发

同步信号以及含有视频的同步信号也是经常需要测量的信号。按 TV 钮到 TV 位置。内建的同步分离器提供帧速率或行同步脉冲的分离。为了以帧速率触发示波器，按 TV 钮设定 TV-V 和 TV-H 触发。如图 1-26(a)所示为 TV-V 的垂直信号，如图 1-26(b)所示为 TV-H 的水平信号。如图 1-27 所示为 TV 极性的同步信号。

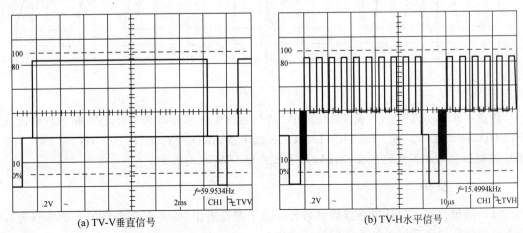

(a) TV-V 垂直信号　　　　　　　　　　　　(b) TV-H 水平信号

图 1-26　TV-V 垂直信号与 TV-H 水平信号

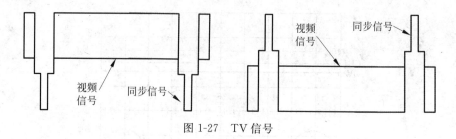

图 1-27　TV 信号

6．测量应用

该示波器有一个测量系统,可精确地、直接地读出电压、时间、频率值。本节将介绍测量的典型实例。熟悉了控制钮、指示器的应用及仪器性能后,可以找出适当的、简便的测量方法。

利用光标进行测量的步骤如下。

① 按 ΔV-ΔT,1/ΔT-OFF 钮,荧幕上出现测量光标。

② 按下此钮,依次选择 4 种测试功能:ΔV-ΔT-1/ΔT-OFF。

③ 按下 C1-C2 TRK 钮,选择 C1(▼)光标、C2(▼)光标和轨迹光标。

④ 旋转 VARIABLE 控制钮定位被选择的光标,按 VARIABLE 控制钮将选择"FINE(细调)"或者"COARSE(粗调)"光标移动速度。

⑤ 在屏幕上读出测量值。典型的测量读出和应用如图 1-28 所示。设定 VOLT/DIV和 TIME/DIV 控制钮可自动控制测量值。

在图 1-28(a)中,用 ΔV(电压差)进行电压测量。打开 CH1 和 CH2 时,显示 CH1(ΔV1)测量值。

在图 1-28(b)中,使用 ΔT(时间差)进行上升时间测量。测量上升时间可由屏幕左边显示的 0%、10%、90%、100%刻度线辅助进行测量。

在图 1-28(c)中,使用 1/ΔT 进行频率的测量。控制 C1-C2 TRK 和 VARIABLES 钮,将两个光标移到同一周期波形的两个边沿点,测量值显示在荧幕上边。

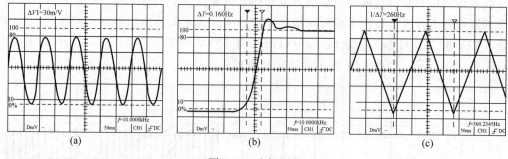

图 1-28　光标测量

注意:当 VOLTS/DIV 或 TIME/DIV 控制钮设定在不校正状态时,ΔV 和 ΔT 测试值会以 DIV 方式显示。当 VERTICAL MODE 设定在 ADD 模式,CH1 和 CH2 的 VOLTS/DIV 控制钮设定在不同的刻度时,ΔV 测量值会以 DIV 方式显示。

1.4.6　维护

以下的维修指示仅针对有维修资格者。为了避免电击(除非您是合格的专业维修者),请不要做操作说明范围以外的任何维修动作。

1. 保险丝的更换

如果保险丝烧坏,电源指示灯不会亮,示波器也不工作。通常保险丝是不会烧坏的,除非仪器发生问题。试着找出保险丝损坏的原因并排除,然后替换一个规格和型号相同的保险丝。保险丝座在后面板上。

警告:为了确保有效的防火措施,只限于更换指定样式和额定电压值为 250V 的保险丝。更换前必须先切断电源,并将电源线从电源插座上取下来。

2. 电源电压变换

电源变压器的初级线圈允许在 100V、220V 或 230VAC,50/60Hz 电压下操作。改变AC 选择开关,可转换电压使用范围。

后面板电源电压由厂方选定,可按下列操作转换成不同的电源电压:

(1) 确认电源线已拔出。

(2) 改变 AC 选择开关到需要的电源电压位置。

(3) 电源电压的改变也可能要求相应的保险丝值的改变,照后面板列出的值安装正确的保险丝。

3. 清洁方法

以温和的洗涤剂和用清水沾湿的柔软的布擦拭仪器。不可以将清洁剂直接喷到仪器上,以防清洁剂渗漏到仪器内部而损坏仪器。不要使用含碳氢化合物、氯化物或类似的溶剂,也不可使用研磨清洁剂。

1.5 MC1098 单相电量仪表板使用说明

1.5.1 产品介绍

MC1098 单相电量仪表板的标准配置为一个单相电量仪,可测试交流电压、电流、频率、功率因素、无功功率、视在功率、有功功率和相位角等参数。

1.5.2 面板布局

MC1098 单相电量仪的面板布局如图 1-29 所示。其中:

①、②为电源接入插头。通过空气开关接 220V 市电。

③为第一显示窗,与⑥配合使用。该显示窗可显示频率、功率因素、无功功率、视在功率、有功功率和相位角,显示某个参数时,相应的指示灯亮。指示灯说明见⑭。

④为第二显示窗口。该显示窗显示电压值,单位说明见⑬。

⑤为第三显示窗口。该显示窗显示电流值,单位说明见⑫。

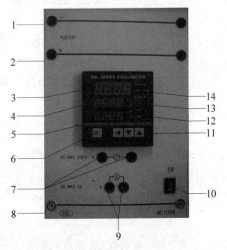

图 1-29 单相电量仪的面板布局图

⑥为 SET 键。按下 SET 键,第一显示窗口的显示内容按以下次序轮流转换(参数指示灯也相应变换):频率→功率因素→无功功率→视在功率→有功功率→相位角。

⑦为电压插座。需要测量的电压信号接到这两个插座上。

⑧为仪表板的接地插座。

⑨为电流插座。需要测量的电流信号接到这两个插座上。

⑩为电源开关。控制仪表板的电源,只有开启电源开关,该仪表板才能正常工作。

⑪保留。厂家调试维修时使用。

⑫为电流单位指示灯。指示电流的单位为 mA 或 A。

⑬为电压单位指示灯。指示电压的单位为 V 或 kV。

⑭为参数指示灯。根据该组指示灯的亮暗情况,确定第一显示窗口中显示的是哪个参数(显示参数的调整见③和⑥)。

1.5.3 技术参数

电压测量范围:0~500V;电流测量范围:0~2A;测量精度:±0.2%F.S;仪表供电电源:85~265V AC/DC。

1.5.4 使用说明

在实验电路连接中,此电量仪可作为标准交流电路测试表。其中,"V"两边的插座(即⑦)连接电压回路,"A"两边的插座(即⑨)连接电流回路,其中带"*"的两个插座表示为同名端。

该电量仪有 3 组显示窗口。电压、电流测量值在第 2 个、第 3 个显示窗口上;最上排的显示窗口分别作为频率(Hz 灯亮)、功率因素(PF 灯亮)、无功功率(VAR 灯亮)、视在功率(VA 灯亮)、有功功率(W/kW 灯亮)、相位角(φ 灯亮)等参数的循环显示,每次断电以后,该显示窗口的默认值为"频率"(Hz 灯亮)。仪表上的 SET 键为转换参数类别和确定键。要转换最上排显示窗口的显示参数,只要轻按 SET 键即可。

电量仪若自带电源插头线,直接插在电源插座上即可通电。若无电源插头线,则需要通过空气开关为其供电,即用短接桥将板上的 L1、N 线和空气开关板上引出的 L1、N 线连接。

1.6 兆欧表使用说明

兆欧表俗称摇表,是测量绝缘体电阻的专用仪表,主要由磁电式流比计与手摇直流发电机组成,如图 1-30 所示。

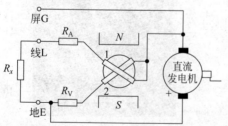

图 1-30 兆欧表工作原理示意图

流比计通常用电磁力代替游丝产生反作用力矩。它与一般磁电式仪表不同,除了不用游丝产生反作用力矩外,还有两个区别:一是空气隙中的磁感应强度不均匀;二是可动部分有两个绕向相反且互成一定角度的线圈,线圈 1 用于产生转动力矩,线圈 2 用于产生反作用力矩。被测电阻 R_x 接在 L(线)和 E(地)两个端子上,形成了两个回路,一个是电流回路,另一个是电压回路。电流回路从电源正端经被测电阻 R_x、限流电阻 R_A、可动线圈 1 回到电源负端。电压回路从电源正端经限流电阻 R_V、可动线圈 2 回到电源负端。由于空气隙中的磁感应强度不均匀,因此两个线圈产生的转矩 T_1 和 T_2 不仅与流过线圈的电流 I_1、I_2 有关,还与可动部分的偏转角 α 有关。当 $T_1 = T_2$ 时,可动部分处于平衡状态,其偏转角 α 是两个线圈电流 I_1、I_2 比值的函数(故称为流比计),即

$$\alpha = f\left(\frac{I_1}{I_2}\right)$$

因为限流电阻 R_A、R_V 为固定值,在发电机电压不变时,电压回路的电流 I_2 为常数,电流回路电流 I_1 的大小与被测电阻 R_x 的大小成反比,所以流比计指针的偏转角 α 能直接反映被测电阻 R_x 的大小。

流比计指针的偏转角与电源电压的变化无关,电源电压 U 的波动对转动力矩和反作用力矩的干扰是相同的,因此流比计的准确度与电压无关。但测量绝缘电阻时,绝缘电阻值与所承受的电压有关。在摇动手摇发电机时,摇的速度必须按规定,而且要持续一定的时间。常用兆欧表的手摇发电机的电压在规定转速下有 500V 和 1000V 两种,可根据需要选用。因电压很高,测量时应注意安全。

兆欧表的接线端钮有 3 个,分别标有"G(屏)"、"L(线)"、"E(地)"。被测的电阻接在 L 和 E 之间,G 端的作用是为了消除兆欧表壳表面 L、E 两端间的漏电和被测绝缘物表面漏电的影响。在进行一般测量时,把被测绝缘物接在 L、E 之间即可。但测量表面不干净或潮湿的对象时,为了准确地测出绝缘材料内部的绝缘电阻,就必须使用 G 端。如图 1-31 所示为测量电缆绝缘电阻时的接线示意图。

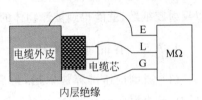

图 1-31 兆欧表测量电缆绝缘电阻时的接线示意图

1.7 DM-6234P 数字式光电转速表使用说明

DM-6234P 数字式光电转速表,在保证其非接触、高精度测速基础上,采用专用微处理器 LSI 电路,使测速过程中的最后转速值、最大转速值、最小转速值自动存在存储器中,通过逐次按下存储显示钮(Memory),3 种转速值依次显示在 12cm LCD 显示器上。只要不更换电池,数据将会长期保持,一旦再次测量,存储器的内容将刷新。

1.7.1 特性

(1) 显示:5 位,12cm LCD 液晶显示与功能符号。

(2) 测量范围:5~100000r/min。

(3) 分辨率:0.1r/min(0.5~999.9r/min);1r/min(>1000r/min 时)。

(4) 准确率:±(0.05%+1 字)。

(5) 采样时间:1s(>60r/min 时)。

(6) 量程选择:自动。

(7) 存储:最后值(LA)、最大值(UP)、最小值(dn)。

(8) 检测距离：50～150mm。

1.7.2　测量方法

将反射胶纸贴在被测物体上,按下测量按钮(右侧面按钮),将光线对准被测目标,并使可见光束与被测物体表面垂直,LCD 显示器左上角符号闪烁,转速表开始测量。

1.7.3　测量条件

(1) 将反射胶纸剪成约 12mm×12mm 方块,并将一块贴在被测物体上。

(2) 没有贴发射胶纸的面积必须远远大于反射胶纸面积。

(3) 若被测物体表面反光,将会影响测量。因此,在贴反射胶纸前,需用黑色纸带加以覆盖。

(4) 必须将反射胶纸贴得平整光滑。

1.7.4　低转速测量

如果要测量非常低的转速,可以用多块反射胶纸均匀地贴在被测物体上,然后将读数除以反射胶纸数,就能得到被测物体的实际转速值。

1.7.5　存储显示按钮

(1) 测量按钮键释放以后,最后值(LA)、最大值(UP)、最小值(dn)立即自动存储,如图 1-32 所示。

(2) 按下前面板上的红色按钮(Memory),存储值随时可以在显示器上显示出来。第 1 次按下,将显示最后值,LA 和最后值将交替显示;第 2 次按下,将显示最大值,UP 和最大值将交替显示;第 3 次按下,将显示最小值,dn 和最小值将交替显示。若显示"EEEEE"则表示采样次数小于 3 次。

注意:更换电池时请注意极性,以免损坏电路。

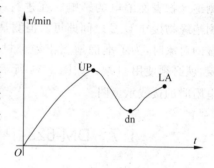

图 1-32　存储测量值的示意图

第 2 章 Multisim 8 仿真软件使用说明

Multisim 8 是一种 EDA 仿真软件，它为用户提供了丰富的元件库和各类功能齐全的虚拟仪器，可对各类直流电路、交流电路、模拟电路和数字电路进行仿真。

2.1 Multisim 8 基本界面

启动 Multisim 8 后显示的基本界面如图 2-1 所示，主要由菜单栏、工具栏、快捷键栏、元件库栏、仪器仪表栏、(.com)连接按钮、工作窗口、使用中元件列表、仿真开关和状态栏等项组成。

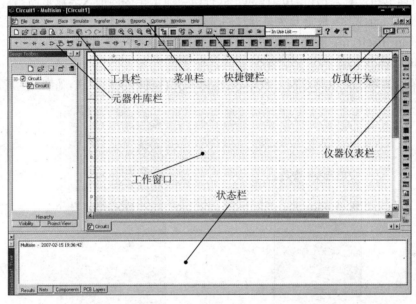

图 2-1 Multisim 8 的基本界面

2.1.1 菜单栏

Multisim 8 菜单栏中提供了软件中几乎所有的功能命令，包含 11 个主菜单，如图 2-2 所示，从左至右分别是 File(文件)菜单、Edit(编辑)菜单、View(窗口显示)菜单、Place(放置)菜单、Simulate(仿真)菜单、Transfer(文件输出)菜单、Tools(工具)菜单、Reports(报告)菜单、Options(选项)菜单、Window(窗口)菜单和 Help(帮助)菜单等。在每个主菜单下都有一个下拉菜单。下面主要介绍前 9 个菜单。

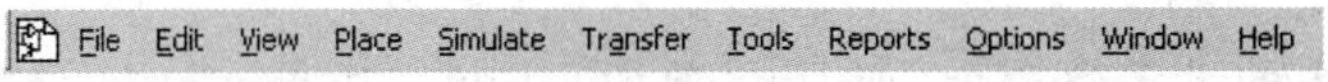

File Edit View Place Simulate Transfer Tools Reports Options Window Help

图 2-2 菜单栏

1) File(文件)菜单
该菜单主要用于管理所创建的电路文件，如打开、保存和打印等，如图 2-3 所示。
该下拉菜单中的一些主要功能简介如下。

- New：提供一个空白窗口以建立一个新文件。
- Open：打开一个已存在的文件。
- Close：关闭当前工作区内的文件。
- Save：将工作区内的文件以 *.ms 8 的格式存盘。
- Save As：将工作区内的文件换名存盘，仍为 *.ms 8 格式。
- New Project：新建一个工程。
- Open Project：打开一个已存在的工程。
- Print：打印当前工作区内的电路原理图。
- Print Preview：打印预览。
- Print Options：打印选项，其中包括 Printer Setup(打印机设置)、Print CircuitSetup (打印电路设置)、Print Instruments(打印当前工作区内的仪表波形图)。
- Recent Circuits：最近几次打开过的文件，可选其中一个打开。
- Recent Projects：最近几次打开过的工程，可选其中一个打开。

2）Edit(编辑)菜单

该菜单主要用于在电路绘制过程中，对电路和元件进行各种处理，如图 2-4 所示。

图 2-3 File(文件)菜单

图 2-4 Edit(编辑)菜单

该下拉菜单中的大多数命令(如 Cut(剪切)、Copy(拷贝)、Delete(删除)等)与一般 Windows 应用软件相同，其他一些主要功能简介如下。

- Graphic Annotation：图形注解。
- Order：排序。
- Assign to Layer：指定到层。

- Layer Settings：层设置。
- Title Block Position：标题栏位置设置。
- Orientation：旋转。
- Edit Symbol/Title Block：编辑符号/标题栏。
- Font：字体设置。
- Properties：属性设置。

3）View（窗口显示）菜单

该菜单用于确定电路窗口上显示的内容、电路图的缩放和元件的查找，如图 2-5 所示。该下拉菜单中的一些主要功能简介如下。

- Full Screen：全屏显示。
- Zoom In：放大。
- Zoom Out：缩小。
- Zoom Area：局部放大。
- Zoom Fit to Page：窗口显示完整电路。
- Show Grid：显示栅格。
- Show Border：显示边界。
- Show Page Bound：显示纸张边界。
- Ruler bars：显示标尺栏。
- Status Bar：显示状态栏。
- Design Toolbox：显示设计文件夹。
- Spreadsheet View：显示电子数据表。
- Circuit Description Box：显示电路描述文件夹。
- Toolbars：选择工具栏。
- Grapher：显示图表。

4）Place（放置）菜单

该菜单提供在仿真界面内放置元件、连接点、导线和文字等命令，如图 2-6 所示。

图 2-5　View（窗口显示）菜单　　　　图 2-6　Place（放置）菜单

该下拉菜单中的一些主要功能简介如下。

- Component：放置一个元件。
- Junction：放置一个节点。
- Wire：放置一根导线。
- Bus：放置总线。
- Connectors：放置连接器。
- Hierarchical Block From File：子块调用。
- New Hierarchical Block：生成新的子块。
- Replace by Hierarchical Block：由一个子块替换。
- New Subcircuit：放置一个子电路。
- Replace by Subcircuit：用一个子电路替换。
- Multi-Page：多页设置。
- Comment：放置注释。
- Text：放置文字。
- Graphics：放置图片。
- Title Block：放置标题栏。

5）Simulate（仿真）菜单

该菜单提供电路仿真设置与操作命令，如图 2-7 所示。该下拉菜单中的一些主要功能简介如下。

- Run：仿真运行。
- Pause：暂停仿真。
- Instrument：选择仿真仪表。
- Interactive Simulation Settings：交互仿真设置。
- Digital Simulation Settings：数字仿真设置。
- Analyses：选择仿真分析法。
- Postprocessor：打开后处理器对话框。
- Simulation Error Log/Audit Trail：仿真错误记录/检查路径。
- XSpice Command Line Interface：XSpice 命令行输入界面。
- Load Simulation Settings：装载仿真文件。
- Save Simulation Settings：保存仿真文件。
- Auto Fault Option：自动设置电路故障。
- Probe Properties：探针属性设置。
- Reverse Probe Direction：翻转探针方向。
- Clear Instrument Data：清除仪表数据。
- Global Component Tolerances：全局元件容差设置。

图 2-7　Simulate(仿真)菜单

6）Transfer(文件输出)菜单

该菜单用于将仿真结果传输给其他软件处理的命令，如图 2-8 所示。该下拉菜单中的
一些主要功能简介如下。

- Transfer to Ultiboard：传送给 Ultiboard。
- Transfer to other PCB Layout：传送给其他 PCB 软件。
- Forward Annotate to Ultiboard：反馈注释到
  Ultiboard。
- Backannotate from Ultiboard：从 Ultiboard 返回的注释。
- Highlight Selection in Ultiboard：高亮 Ultiboard 上
  的选择项。

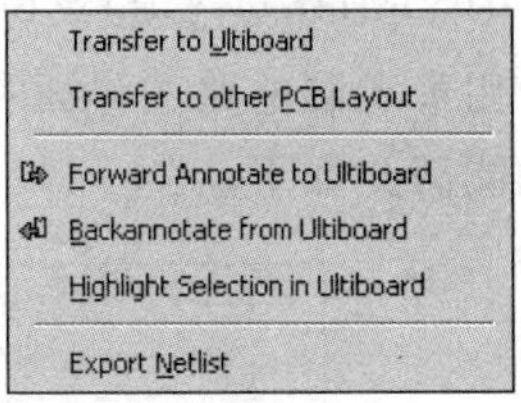

图 2-8　Transfer(文件输出)
菜单

- Export Netlist：输出网络表。

7）Tools(工具)菜单

该菜单主要用于编辑、管理元器件和元件库，如图 2-9 所示。该下拉菜单中的一些主要
功能简介如下。

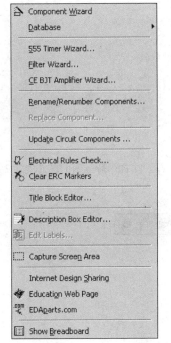

图 2-9　Tools(工具)菜单

- Component Wizard：创建元件对话框。
- Database：数据库对话框。
- 555 Timer Wizard：创建 555 定时器对话框。
- Filter Wizard：创建滤波器对话框。
- CE BJT Amplifier Wizard：创建共射极晶体管放大器
  对话框。
- Rename/Renumber Components：元件命名/标号对话框。
- Replace Component：替换元件对话框。
- Update Circuit Components：更新电路元件对话框。
- Electrical Rules Check：电气规则检查对话框。
- Clear ERC Markers：清除 ERC 标志对话框。
- Title Block Editor：标题栏编辑对话框。
- Description Box Editor：电路描述对话框。
- Edit Labels：符号编辑对话框。
- Capture Screen Area：捕捉屏幕区域。
- Internet Design Sharing：网络设计共享对话框。
- Education Web Page：连接教学网页。
- EDAparts.com：连接 EDAparts.com 网站。

8）Report(报告)菜单

列出了 Multisim 可以输出的各种表格、清单，如图 2-10 所示。该下拉菜单中的一些主
要功能简介如下。

- Bill of Materials：材料清单。
- Component Detail Report：元器件详细报表。
- Netlist Report：网络表报表。
- Cross Reference Report：交叉引用报表。

- Schematic Statistics：原理图统计。
- Spare Gates Report：多余门电路报表。

9）Options(选项)菜单

用于定制电路的界面和电路某些功能的设定，如图 2-11 所示。该下拉菜单中的一些主要功能简介如下。

图 2-10　Report(报告)菜单　　　　　　　图 2-11　Options(选项)菜单

- Global Preferences：全局选项设置。
- Sheet Properties：页属性设置。
- Global Restrictions：全局限制设置。
- Circuit Restrictions：电路限制设置。
- Simplified Version：简化版本。
- Customize User Interface：定制用户界面。

2.1.2　工具栏

工具栏包含了常用的基本功能按钮，如新建、打开、保存、打印、放大和缩小等，与Windows 的基本功能相同，如图 2-12 所示。

图 2-12　系统工具栏

2.1.3　快捷键栏

快捷键栏如图 2-13 所示。

图 2-13　设计工具栏

借助快捷键栏可方便地进行一些操作，虽然用 2.1.1 节所述菜单也可以执行这些操作，但使用快捷键会更方便。这些快捷键按钮从左至右介绍如下。

设计文件夹按钮(Show or hide design toolbox)：显示或隐藏设计文件夹。

电子数据表按钮(Show or hide spreadsheet bar)：显示或隐藏电子数据表。

数据库按钮(Database manager)：数据库管理器。

⤴ 元件按钮(Create component)：创建元件。

⚡ 仿真按钮(Run/stop simulation F5)：开始、暂停或结束电路仿真(也可用 F5 键替代)。

▣ 分析按钮(Grapher/analyses list)：选择要进行的分析。

▣ 后处理按钮(Postprocessor)：对仿真结果的进一步操作。

▣ 电规则检查按钮(Electrical Rules Check)：电气规则检查。

▣ 面包板按钮(Show Breadboard)：打开面包板设计页。

⬱ / ⬳ 传输按钮(Backannotate from Ultiboard/Forward Annotate)：用以与 Ultiboard 进行通信。

2.1.4　元件库栏

Multisim 8 将元件模型按虚拟元件库和实际元件库分类放置。如图 2-14 所示为虚拟元件库栏，如图 2-15 所示的是实际元件库栏。

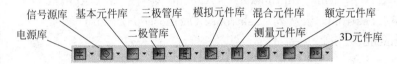

图 2-14　虚拟元件库栏

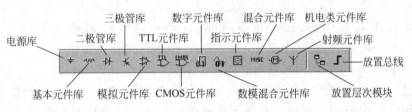

图 2-15　实际元件库栏

虚拟元件库共有 10 个元件分类库，每个元件库放置同一类型的元件，从左到右分别是：电源库(Power Sources)、信号源库(Signal Sources Components)、基本元件库(Basic)、二极管库(Diodes Components)、三极管库(Transistors Components)、模拟元件库(Analog Components)、混合元件库(Miscellaneous Components)、测量元件库(Measurement Components)、额定元件库(Rated Virtual Components)和 3D 元件库(3D Components)。

实际元件库中主要放置各种实际元件，从左到右分别是：电源库(Sources)、基本元件库(Basic)、二极管库(Diode)、三极管库(Transistor)、模拟元件库(Analog)、TTL 元件库(TTL)、CMOS 元件库(CMOS)、数字元件库(Misc Digital)、数模混合元件库(Mixed)、指示元件库(Indicator)、混合元件库(Miscellaneous Components)、机电类元件库(Electromechanical)、射频元件库(RF)。

虚拟元件库中存放的是非标准化元件，选取虚拟元件后，双击相应按钮就可以对其参数进行任意设置，修改元器件参数非常方便；实际元件库中存放的是各种参数都符合实际标准的元件，通常在市场上可以买到。如果要使设计的电路参数符合实际情况，应该从实际元件库中选取元件。

2.1.5 仪器仪表栏

该工具栏含有 19 种用来对电路工作状态进行测试的仪器仪表,一般都将该工具栏放置在工作台的右侧,如图 2-16 所示。

在该工具栏中,从上至下分别是数字万用表(Multimeter)、函数信号发生器(Function Generator)、瓦特表(Wattmeter)、示波器(Oscilloscope)、4 通道示波器(4 Channel Oscilloscope)、波特图仪(Bode Plotter)、频率计数器(Frequency Counter)、字信号发生器(Word Generator)、逻辑分析仪(Logic Analyzer)、逻辑转换仪(Logic Converter)、IV 分析仪(IV-Analysis)、失真分析仪(Distortion Analyzer)、频谱分析仪(Spectrum Analyzer)、网络分析仪(Network Analyzer)、Agilent 函数发生器(Agilent Function Generator)、Agilent 数字万用表(Agilent Multimeter)、Agilent 示波器(Agilent Oscilloscope)、Tektronix 示波器(Tektronix Oscilloscope)和节点测量表(Measurement probe)。

2.1.6 其他

1).com 按钮

单击元件工具栏中的.com 按钮,可以自动通过因特网进入 EDAparts.com 网站。这是一个由 EWB 软件和 ParMiner 公司合作开发,提供给 Multisim 用户的因特网入口,用户可以访问到 CAPSXper 数据库中超过一千多万个器件,并可从 ParMiner 中把有关元件的信息和资料直接下载到自己的数据库中。另外,还可从该网站免费下载到专为 Multisim 设计的升级 Multisim Master 元件库的文件。

图 2-16　仪器仪表栏

2)工作窗口

工作窗口也称为 Workspace,位于界面的中央,它相当于一个现实工作中的操作平台,电路图的编辑绘制、仿真分析及波形数据显示等都将在此窗口中进行。

3)使用中元件列表

使用中元件列表(In Use List)列出了当前电路所使用的全部元件,以供检查或重复调用。

4)仿真开关

仿真开关用以控制仿真进程,一般在界面的右上角。

5)状态栏

状态栏显示有关当前操作以及鼠标所指条目的有用信息,在界面的最下方。

2.2　Multisim 8 基本操作

2.2.1　文件基本操作

与 Windows 常用的文件操作一样,Multisim 8 中也有如下文件操作:New(新建文件)、Open(打开文件)、Save(保存文件)、Save As(另存文件)、Print(打印文件)、Print Setup

（打印设置）和 Exit(退出)等。这些操作可以在 File 菜单的子菜单下选择命令，也可以应用快捷键或工具栏的图标进行快捷操作。

2.2.2 元器件基本操作

常用的元器件编辑功能有：90 Clockwise(顺时针旋转 90°)、90 CounterCW(逆时针旋转 90°)、Flip Horizontal(水平翻转)、Flip Vertical(垂直翻转)、Component Properties(元件属性)等。见图 2-17。这些操作可以在 Edit 菜单栏的子菜单下选择命令，也可以应用快捷键进行快捷操作。

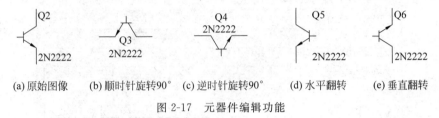

(a) 原始图像　　(b) 顺时针旋转90°　(c) 逆时针旋转90°　　(d) 水平翻转　　(e) 垂直翻转

图 2-17　元器件编辑功能

2.2.3 文本基本编辑

对文字注释的方式有两种：直接在电路工作区输入文字或者在文本描述框输入文字，两种操作方式有所不同。

1．在电路工作区输入文字

单击 Place / Text 命令或使用 Ctrl+T 快捷操作，然后用鼠标单击需要输入文字的位置，输入需要的文字。用鼠标指向文字块，单击鼠标右键，在弹出的菜单中选择 Color 命令，选择需要的颜色。双击文字块，可以随时修改输入的文字。

2．在文本描述框输入文字

利用文本描述框输入文字不占用电路窗口，可以对电路的功能、实用说明等进行详细的说明，可以根据需要修改文字的大小和字体。单击 View/ Circuit Description Box 命令或使用 Ctrl+D 快捷操作，打开电路文本描述框，在其中输入需要说明的文字，可以保存和打印输入的文本。

2.2.4 图纸标题栏编辑

单击 Place / Title Block 命令，在打开对话框的查找范围处指向 Multisim / Titleblocks 目录，在该目录下选择一个 ＊.tb7 图纸标题栏文件，放在电路工作区，如图 2-18 所示。用鼠标指向文字块，单击鼠标右键，在弹出的菜单中选择 Properties 命令，如图 2-19 所示。

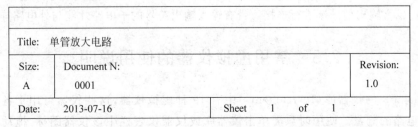

图 2-18　图纸标题栏

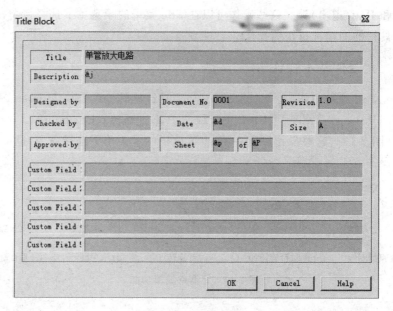

图 2-19　标题栏属性

2.2.5　子电路创建

子电路是用户自己建立的一种单元电路。将子电路存放在用户器件库中,可以反复调用并使用。利用子电路可使复杂系统的设计模块化、层次化,可增加设计电路的可读性、提高设计效率、缩短设计电路的周期。创建子电路的工作需要以下几个步骤:创建、调用、修改、选择。

(1) 子电路创建:单击 Place/Replace by Subcircuit 命令,在屏幕出现 Subcircuit Name 的对话框中输入子电路名称 sub1,单击 OK 按钮,选择电路复制到用户器件库,同时给出子电路图标,完成子电路的创建。

(2) 子电路调用:单击 Place/Subcircuit 命令或使用 Ctrl＋B 快捷操作,输入已创建的子电路名称 sub1,即可使用该子电路。

(3) 子电路修改:双击子电路模块,在出现的对话框中单击 Edit Subcircuit 命令,屏幕显示子电路的电路图,直接修改该电路图。

(4) 子电路选择:把需要创建的电路放到电子工作平台的电路窗口上,按住鼠标左键并拖动,选定电路。被选择电路的部分由周围的方框标示,完成子电路的选择。

(5) 子电路的输入输出:为了能对子电路进行外部连接,需要对子电路添加输入输出。单击 Place / HB/SB Connecter 命令或使用 Ctrl＋I 快捷操作,屏幕上出现输入输出符号,将其与子电路的输入输出信号端进行连接。带有输入输出符号的子电路才能与外电路连接。

2.3　常用虚拟仪器的使用说明

Multisim 8 的仪器库(Instruments)中有 19 种虚拟仪器,这些仪器可用于各种模拟电路和数字电路的测量。使用时只需单击仪器库或仪器仪表栏中该仪器图标,拖动放置在相应位置即可,通过双击图标可以得到该仪器的控制面板。

虽然虚拟仪器的基本操作与现实仪器非常相似,但仍存在着一定的区别。Multisim 8 的仪器库还提供了 Agilent 和 Tektronix 两家仪器公司的多款仪器及其"真实形象"的用户界面供用户使用。为了更好地使用这些虚拟仪器,下面简要介绍几种最常用的虚拟仪器的使用方法。

2.3.1　数字万用表

Multisim 8 提供的数字万用表(Multimeter)外观和操作与实际的万用表相似,可以测电流 A(直流或交流)、电压 V(直流或交流)、电阻 Ω 和分贝值 db,其图标和面板如图 2-20(a)所示,单击面板上的 Set 按钮,将弹出万用表的设置界面如图 2-20(b)所示。万用表有正极和负极两个引线端。

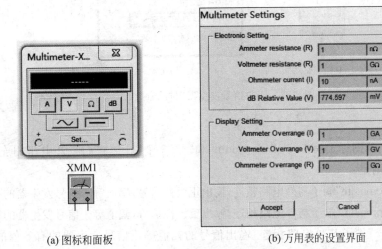

(a) 图标和面板　　　　　　　　　　(b) 万用表的设置界面

图 2-20　数字万用表图标和面板

当用来测量电压或电流时,也可用电压表或电流表。电压表和电流表在"元件库栏/指示元件库"中。

2.3.2　瓦特表

Multisim 8 提供的瓦特表(Wattmeter)用来测量电路的交流功率或者直流功率,同时也显示所测负载(二端网络)的功率因数(Power Factor),其图标和面板如图 2-21 所示。瓦特表有 4 个引线端口:电压正极和负极、电流正极和负极。

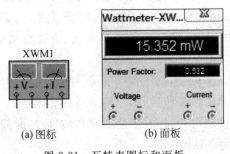

(a)图标　　　　　(b)面板

图 2-21　瓦特表图标和面板

2.3.3　函数信号发生器

函数信号发生器(Function Generator)可以产生正弦波、方波和三角波信号,对于三角波和方波可以设置占空比(Duty cycle)大小,对偏置电压的设置(Offset)可将正弦波、方波和三角波叠加到设置的偏置电压上输出。其图标和面板如图 2-22 所示。

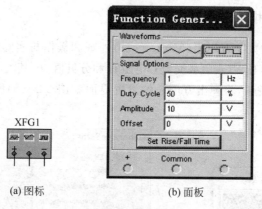

(a) 图标　　　　　　　　(b) 面板

图 2-22　函数信号发生器图标和面板

1) 接线规则

函数信号发生器图标上有"＋"、"Commom"和"－"3 个端子,它们与外电路相连输出电压信号,其接线规则是:

(1)"＋"和"Commom"端子与外电路相连,输出正极性信号,幅值等于信号发生器的有效值。

(2)"－"和"Commom"端子与外电路相连,输出负极性信号,幅值等于信号发生器的有效值。

(3)"＋"和"－"端子与外电路相连,输出信号的幅值等于信号发生器的有效值的两倍。

(4)"＋"、"Common"和"－"3 个端子同时与外电路相连,且把"Common"端子与公共地(Ground)连接,则输出两个幅值相等、极性相反的信号。

2) 面板操作

通过对面板的不同设置,可改变输出信号的波形类型、幅值大小、占空比或偏置电压等。

(1) 波形区(Waveforms)。选择输出信号的波形类型,有正弦波、方波和三角波 3 种周期性信号供选择。

(2) 信号功能区(Signal Options)。对所选择的输出信号进行相关参数设置。

- Frequency:信号频率的设置,范围在 1Hz～999MHz。
- Duty Cycle:信号占空比的设置,设定范围为 1%～99%。
- Amplitude:信号最大值(电压)的设置,其可选范围从 1μV 级到 999kV。
- Offset:偏置电压的设置,即把正弦波、三角波、方波叠加在设置电压上输出,其可选范围从 1μV 级到 999kV。

(3) 上升/下降时间按钮(Set Rise/Fall Time)。信号上升时间与下降时间的设置,该按钮只在产生方波时有效。单击该按钮后,弹出的对话框如图 2-23 所示。

在对话框中根据需要设定上升时间(下降时间)及对应的时间单位,再单击 Accept 按钮即可。如单击 Default,则为默认值 1ns。

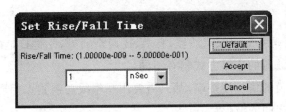

图 2-23 Set Rise/Fall Time 对话框

3）其他函数信号发生器

MultiSim 8 的仪器库中还包括 Agilent 函数发生器（Agilent Function Generator），该仪器的图标和面板如图 2-24 所示。

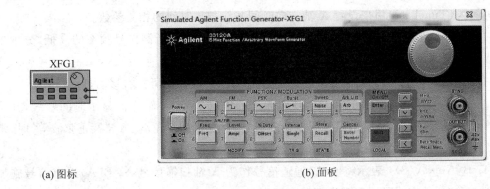

(a) 图标　　　　　　　　　　　　　　　　　　(b) 面板

图 2-24 Agilent 函数发生器的图标和面板

从图 2-24 可以看出，Agilent 函数发生器的面板与实际使用的仪器完全相同，其操作方法与实际 Agilent 函数发生器相同，具体操作方法可参考 Agilent 函数发生器的使用说明。

2.3.4　示波器

示波器（Oscilloscope）可用来观察各种信号的波形，也可用来测量信号幅度、频率及周期等参数，是实验中经常使用的仪器之一，该仪器的图标和面板如图 2-25 所示。

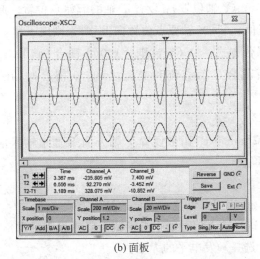

(a) 图标　　　　　　　　　　　(b) 面板

图 2-25 示波器图标和面板

1. 连接规则

如图 2-25 所示的是一个双踪示波器,有 A、B 两个通道,G 是接地端,T 是外触发端,该虚拟示波器与实际示波器的连接方式稍有不同:

(1) A、B 是两通道的信号连接端,都只需要用一根线与被测点相连,示波器上显示的是该测量点与"参考地"之间的波形。

(2) G 是接地端,一般需要接地,但如果电路中已有"参考地"时,也可不接。

2. 面板操作

双踪示波器的面板操作说明如下:

1) 时间区

时间区(Timebase)用来设置 X 轴方向时间基线扫描时间的相关参数。

(1) Scale:设置 X 轴方向每一个刻度代表的时间。根据所测信号频率的高低,分别单击▽或△按钮选择适当的值。

(2) X position: X 轴方向时间基线的起始位置,修改该值可左右移动显示的波形。

(3) Y/T:表示 Y 轴方向显示 A、B 两通道的输入信号, X 轴方向显示时间基线,并按设置的时间进行扫描。当显示随时间变化的信号波形(例如三角波、方波及正弦波等)时,常采用此种方式。

(4) B/A(·A/B):表示将 A(B)通道信号作为 X 轴扫描信号,将 B(A)通道信号施加在 Y 轴上,这两种方式可用于观察李沙育图形。

(5) Add:表示 X 轴按设置时间进行扫描,而 Y 轴方向显示 A、B 通道的输入信号之和。

2) 通道 A 区

通道 A 区(Channel A)用来设置 A 通道输入信号在 Y 轴方向上的标度。

(1) Scale:表示 A 通道输入信号在 Y 轴方向上每格所表示的电压数值。单击该栏后可改变每格所代表的数值。

(2) Y position(Y 轴位置):设置 Y 轴的起始点位置。起始点为 0,表明 Y 轴和 X 轴重合;起始点为正值,表明 Y 轴原点位置向上移,否则向下移。

(3) 触发耦合方式:AC(交流耦合)、0(0 耦合)或 DC(直流耦合)。交流耦合只显示交流分量;直流耦合显示直流和交流之和;0 耦合时,在 Y 轴设置的原点处显示一条直线。

3) 通道 B 区

通道 B 区(Channel B)用来设置 Y 轴方向 B 通道输入信号的标度,设置方法与通道 A(Channel A)相同。

4) 触发区

触发区(Trigger)用来设置示波器的触发方式。

(1) Edge:选择输入信号的上升沿或下降沿作为触发信号。

(2) Level:选择触发电平的大小。

(3) Sing:选择单脉冲触发。

(4) Nor：选择一般脉冲触发。

(5) Auto：表示触发信号不依赖外部信号。一般情况下通常都使用 Auto 方式。

(6) A 或 B：表示用 A 通道或 B 通道的输入信号作为同步 X 轴时基扫描的触发信号。

(7) Ext：用示波器图标上触发端子 T 连接的信号作为触发信号来同步 X 轴时基扫描。

3．测量波形参数

在显示屏幕上有两条可以左右移动的读数指针，指针上方有三角形标志。把光标移至读数指针上（或三角形标志上），按住鼠标左键可拖动读数指针左右移动。

在显示屏幕下方的测量数据显示区中显示了两个波形的测量数据，分别是：

(1) Time：从上到下的 3 个数据分别是 1 号读数指针离开屏幕最左端（时基线零点）所对应的时间 T_1（3.367ms）、2 号读数指针离开屏幕最左端（时基线零点）所对应的时间 T_2（6.556ms）、两个时间之差 T_2-T_1（3.189ms）；通过单击 T_1 或 T_2 右边向左（或向右）的箭头可以分别微调两根读数指针。

(2) Channel_A：从上到下的 3 个数据分别是 1 号读数指针所在位置处通道 A 的信号值（−235.805mV）、通道 B 的信号值（92.270mV）和两个信号值之差（328.075mV）。

(3) Channel_B：从上到下分别是 2 号读数指针所在位置处通道 A 的信号幅度值、通道 B 的信号幅度值和两个幅度值之差。

为了测量的方便和准确，可以单击 Pause（或 F6 键），或者单击面板右下方的 Sing. 按钮，使波形保持不变，然后再测量。

4．设置信号波形显示颜色

只要在电路中改变与示波器 A、B 通道连接导线的颜色，波形的显示颜色便与导线的颜色相同。方法是选中连接导线，单击鼠标右键，在弹出的对话框中设置导线颜色即可。

5．改变屏幕背景颜色

单击面板右下方的 Reverse 按钮，即可改变屏幕背景的颜色，通常屏幕背景的颜色在黑色和白色之间转换。要将屏幕背景恢复为原色，再次单击 Reverse 按钮即可。

6．存储数据

对于读数指针测量的数据，单击展开面板右下方的 Save 按钮即可将其存储，数据存储格式为 ASCII 码格式。

7．移动波形

在动态显示时，单击仿真开关或暂停按钮（或按 F6 键），通过改变 X position 的数值，可实现波形的左右移动。

8．其他示波器

1) Agilent 示波器

Multisim 8 的仪器库中包括 Agilent 示波器（Agilent Oscilloscope），该仪器的图标和面板如图 2-26 所示。

该虚拟仪器的操作方法与实际 Agilent 示波器相同。具体操作方法可参考 Agilent 示波器的使用说明书。

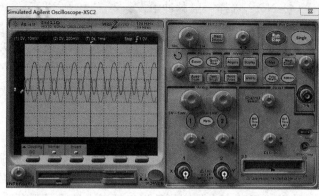

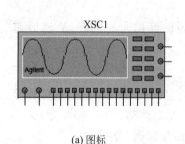

(a) 图标　　　　　　　　　　　　　　　　　　(b) 面板

图 2-26　Agilent 示波器的图标和面板

2) 四通道示波器(4 Channel Oscilloscope)

Multisim 8 的仪器库中还提供了一台四通道示波器,其图标和面板如图 2-27 所示。该示波器使用方法与 2 通道的示波器相似,但是示波器的通道数由常见的 2 通道变为 4 通道。因此在面板上也多了一个通道控制器旋钮 ⬚,只有当旋钮拨到某个通道位置,才能对该通道的 Y 轴进行调整。

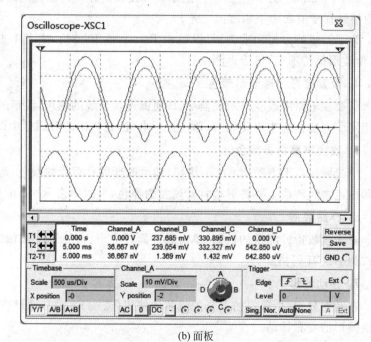

(a) 图标　　　　　　　　　　　　　　　　　　(b) 面板

图 2-27　四通道示波器的图标和面板

3) Tektronix 示波器

Multisim 8 的仪器库中还包括 Tektronix 示波器(Tektronix Oscilloscope),该仪器的图标和面板如图 2-28 所示。该虚拟仪器的操作方法与实际 Tektronix 示波器相类似。具体操作方法可参考 Tektronix 示波器的使用说明书。

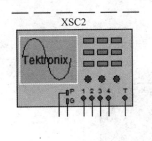

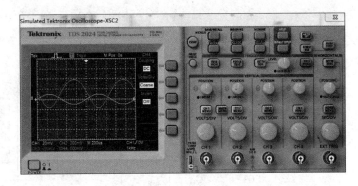

(a) 图标　　　　　　　　　　　　　　　(b) 面板

图 2-28　Tektronix 示波器的图标和面板

2.4　基本分析方法

启动 Simulate 菜单中的 Analyses 命令,里面共有 18 种分析功能,从上至下分别为:直流工作点分析(DC Operating Point Analysis)、交流分析(AC Analysis)、瞬态分析(Transient Analysis)、傅里叶分析(Fourier Analysis)、噪声分析(Noise Analysis)、噪声图形分析(Noise figure Analysis)、失真分析(Distortion Analysis)、直流扫描分析(DC Sweep Analysis)、灵敏度分析(Sensitivity Analysis)、参数扫描(Parameter Sweep)、温度扫描分析(Temperature Sweep Analysis)、极点-零点分析(Pore-Zero Analysis)、传输函数分析(Transfer Function Analysis)、最坏情况分析(Worst Case Analysis)、蒙特卡罗分析(Monte Carlo Analysis)、轨迹宽度分析(Trace Width Analysis)、批处理分析(Batched Analysis)、用户定义分析(User Defined Analysis)及 RF 分析(RF)。下面简要介绍几种常用的分析方法。

2.4.1　直流工作点分析

直流工作点分析(DC Operating Point Analysis)是在电路中电感短路、电容开路的情况下,计算电路的静态工作点。直流分析的结果通常可用于电路的进一步分析,如在进行暂态分析和交流小信号分析之前,程序会自动先进行直流工作点分析,以确定暂态的初始条件和交流小信号情况下非线性化模型的参数。

下面以如图 2-29 所示的单管放大电路为例,介绍直流工作点分析的基本操作过程。

电路搭建完成后,选择 Options→Sheet Properties 命令,在 Net Names 选项卡中选择 Show All,这样电路中所有节点号都会显示出来。

图 2-29 中三极管取理想元件,把电位器的阻值调节到 $20\% \sim 30\%$,此时用示波器看到的波形没有失真,如图 2-30 所示,电路处于放大状态。打开 Simulate 菜单中的子菜单 Analyses,弹出(DC Operating Point)节点选择对话框,如图 2-31 所示,从中选择要仿真的节点 1 和节点 2(节点 1 为三极管基极,节点 2 为集电极),单击 Simulate 进行分析,得到如图 2-32 所示的直流工作点仿真结果,即

$$V_{BE} = V_B - V_E = 648.847\text{mV}$$

$$V_{CE} = 6.002\text{V}$$

$$I_C = (V_{CC} - V_{CE})/R_3 = (12 - 6.002)/2 = 2.999\text{mA}$$

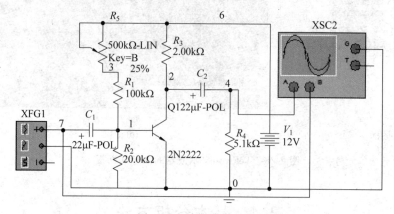

图 2-29　单管放大电路

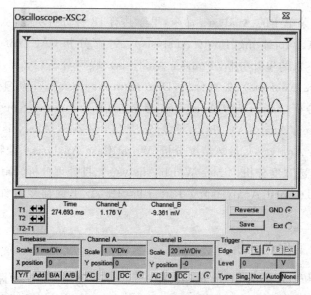

图 2-30　放大状态的波形

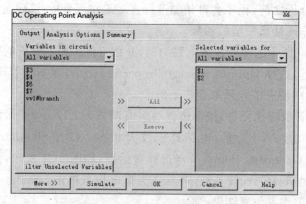

图 2-31　节点选择对话框

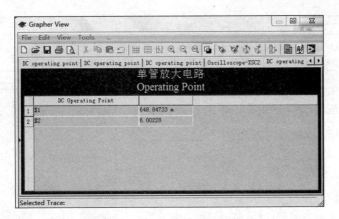

图 2-32　直流工作点仿真结果

2.4.2　交流分析

交流分析(AC Analysis)可以进行电路的小信号频率响应的仿真。进行交流分析时,程序自动先对电路进行直流工作点分析,以建立电路中非线性元件的交流小信号模型,同时把直流电源置零,把交流信号源、电容及电感等元器件用相应的交流模型代替,如果电路中含有数字元件,可以看做是一个接地的大电阻。交流分析时都假定输入信号为正弦波,即不管电路输入端实际为何种输入信号,进行交流分析时都将自动以正弦波替换,且信号的频率也将以设定的范围替换。交流分析的结果以幅频特性和相频特性两个图形显示。如果将波特图仪连至电路的输入端和被测点,也同样可获得交流频率特性。

下面我们仍以单管放大电路为例,说明如何进行交流分析。

电路搭建完成后,打开 Simulate 菜单中的 Analyses 子菜单下,将弹出交流分析(AC Analysis)对话框,如图 2-33 所示,在对话框中进行交流分析的起止频率等项的设定。

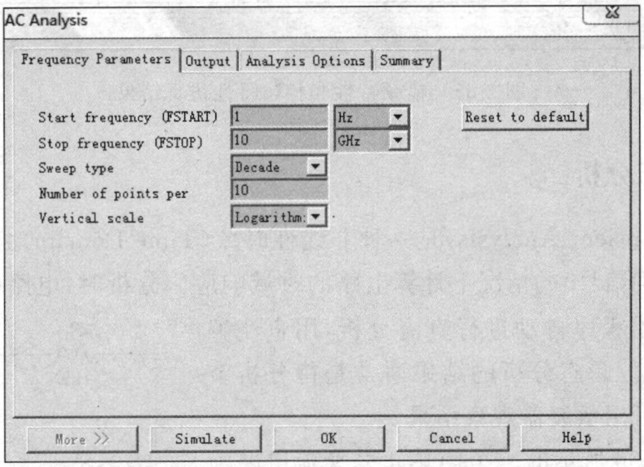

图 2-33　交流分析(AC Analysis)对话框

在 Output 选项卡中,选定分析节点 8 的电压传输特性,如图 2-34 所示。

单击 Simulate 按钮进行分析,其幅频特性和相频特性仿真结果如图 2-35 所示。

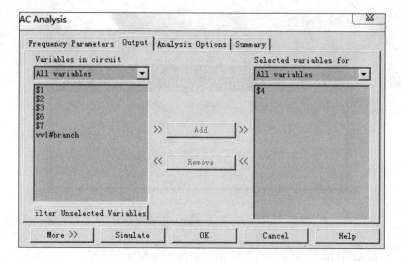

图 2-34　输出节点选择对话框

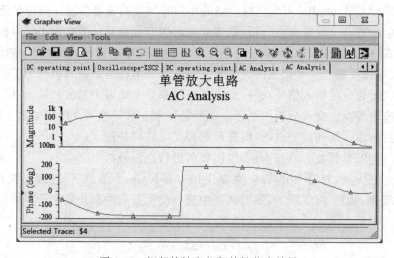

图 2-35　幅频特性和相频特性仿真结果

2.4.3　瞬态分析

瞬态分析(Transient Analysis)是一种非线性时域(Time Domain)分析,可以在激励信号(或没有任何激励信号)的情况下计算电路的时域响应。分析时,电路的初始状态可由用户自行指定,也可由程序自动进行直流分析,用直流解作为电路初始状态。瞬态分析的结果通常是待分析节点的电压波形,故可用示波器观察结果。

我们用如图 2-36 所示的一个简单正弦交流电路为例,说明瞬态分析的过程。打开 Simulate 菜单中的 Analyses 子菜单,将弹出瞬态分析(Transient Analysis)对话框,如图 2-37 所示。

在对话框的 Output 选项卡中,可进行输出变量(节

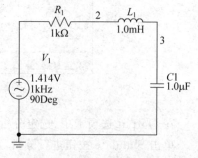

图 2-36　简单正弦交流电路

点 1 和节点 3 的电压)选择,如图 2-38 所示。

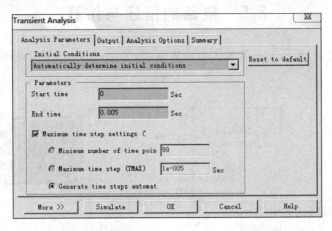

图 2-37 瞬态分析(Transient Analysis)对话框

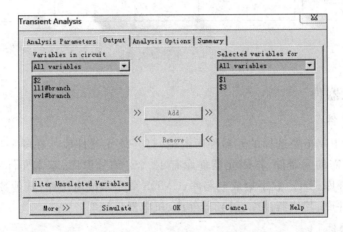

图 2-38 输出变量选择对话框

单击 Simulate 按钮进行分析,其仿真结果如图 2-39 所示。

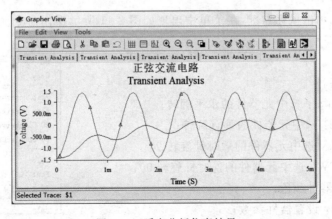

图 2-39 瞬态分析仿真结果

2.5　电路的搭建与仿真

本节以如图 2-40 所示的单管放大电路为例,说明 Multisim 8 的电路搭建和仿真的整个过程。

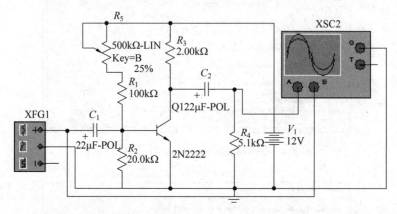

图 2-40　单管放大电路

2.5.1　元器件

1. 选择元器件

在元器件栏中单击要选择的元器件库图标,打开该元器件库。在屏幕出现的元器件库对话框中选择所需的元器件,常用元器件库有 13 个:信号源库、基本元件库、二极管库、三极管库、模拟器件库、TTL 数字集成电路库、CMOS 数字集成电路库、其他数字器件库、混合器件库、指示器件库、其他器件库、射频器件库、机电器件库等。

2. 选中元器件

用鼠标单击元器件,可选中该元器件。

3. 元器件操作

选中元器件,单击鼠标右键,在菜单中出现如图 2-41 所示操作命令。对主要命令解释如下:

Cut:剪切;

Copy:复制;

Flip Horizontal:选中元器件的水平翻转;

Flip Vertical:选中元器件的垂直翻转;

90 Clockwise:选中元器件的顺时针旋转 90;

90 CounterCW:选中元器件的逆时针旋转 90;

Color:设置器件颜色;

Edit Symbol:设置器件参数;

Help:帮助信息。

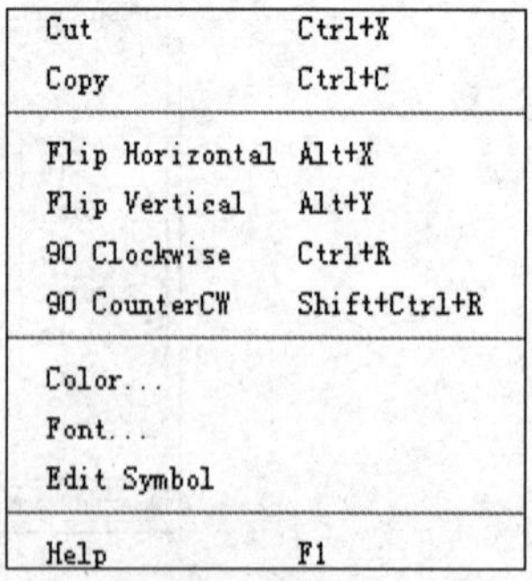

Cut	Ctrl+X
Copy	Ctrl+C
Flip Horizontal	Alt+X
Flip Vertical	Alt+Y
90 Clockwise	Ctrl+R
90 CounterCW	Shift+Ctrl+R
Color...	
Font...	
Edit Symbol	
Help	F1

图 2-41　元器件操作命令

4. 元器件特性参数

双击该元器件,在弹出的元器件特性对话框中,可以设置或编辑元器件的各种特性参数。元器件每个不同选项下将对应不同的参数。例如,NPN 三极管的选项为:Label——标识;Display——显示;Value——数值;Pins——引脚。

2.5.2 编辑原理图

1. 建立电路文件

打开 Multisim 8 的基本界面(如图 2-1 所示),此时系统自动命名空白电路文件为 Circuit 1。在 Multisim 8 正常运行时,选择菜单 File→New 命令,同样也会出现这样的空白电路文件。

2. 设计电路界面

通过 Options 菜单中的若干选项,可以设计出个性化的界面。

(1) 选择 Options→Global Preference 命令,打开 Global Preference 对话框中的 Parts 选项卡,如图 2-42 所示,对 Symbol standard 区内的电气元器件符号标准进行设置,Multisim 8 提供了两套元器件符号标准,ANSI 是美国标准,DIN 是欧洲标准,这里选择 ANSI。

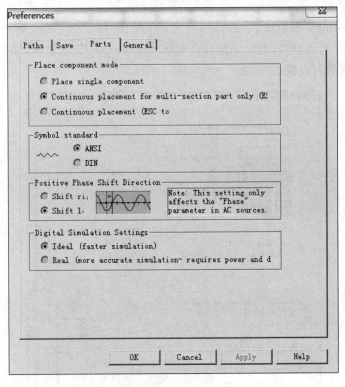

图 2-42 Parts 选项卡

(2) 选择 Options→Sheet Properties 命令,打开 Sheet Properties 对话框,选择 Workspace 选项卡,如图 2-43 所示,对其中的相关项进行设置:选择 Show 区内的 Show Grid(也可从 View/Show Grid 菜单选取),则电路图中将出现栅格;选择 Show 区内的 Show border(也可从 View/Show border 菜单选取),则电路窗口就像一张标准图纸。

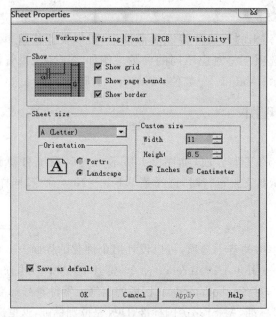

图 2-43　Workspace 选项卡

（3）选择 Options→Sheet Properties 命令，打开 Sheet Properties 对话框，选择 Circuit 选项卡，如图 2-44 所示，可以对元件符号显示（Component）、节点显示（Net Name）、电路界面颜色（Color）等进行设置。

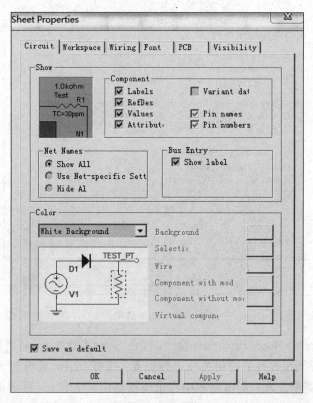

图 2-44　Circuit 选项卡

（1）Circuit 选项。Show 栏目的显示控制如下：

- Labels 标签；
- RefDes 元件序号；
- Values 值；
- Attributes 属性；
- Pin names 引脚名字；
- Pin numbers 引脚数目。

（2）Workspace 环境。Sheet size 栏目实现图纸大小和方向的设置；Zoom level 栏目实现电路工作区显示比例的控制。

（3）Wring 连线：Wire width 栏目设置连接线的线宽；Autowire 栏目控制自动连线的方式。

（4）Font 字体。

（5）PCB 电路板。PCB 选项选择与制作电路板相关的命令。

（6）Visibility 可视选项。

3. 电路搭建

电路界面设计好后，就可以进行电路搭建了。

1）元件选择

根据如图 2-40 所示的电路图，从虚拟元件库栏中可以进行元件的选择。待放大的信号源（函数信号发生器，信号源也可以用交流电源代替）可从仪器仪表栏选取，而直流电压源、接地端可以从电源库（Sources）中选取，如图 2-45 所示。

在图 2-45 中，双击函数信号发生器或直流电压源可以对参数、符号等进行设置，如图 2-46 所示。

(a) 信号源　　　　(b) 电源器件

图 2-45　信号源与电源器件的选择

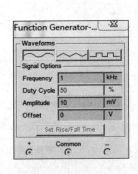

(a) 函数信号发生器参数设置对话框

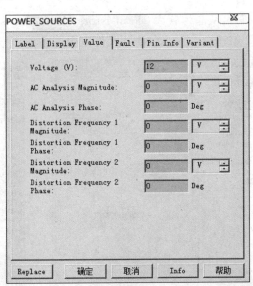

(b) 电源参数设置对话框

图 2-46　函数信号发生器和电源参数设置对话框

电阻、电容器件在基本元件库(Basic)中选择,如图 2-47 所示。

图 2-47　基本元件库

如果所选取元件的方向不符合要求,可以由 Ctrl＋R 快捷键或由 Edit 菜单中的旋转选项进行旋转。

三极管可从晶体管库(Transistors Components)中选择,可以选择虚拟元件或实际元件,如图 2-48 所示。实际 NPN 元件库中有各种型号的 NPN 三极管,包括了国外几家大公

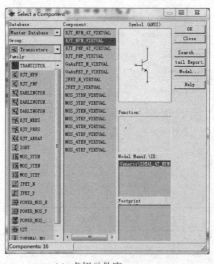

(a)　虚拟元件库

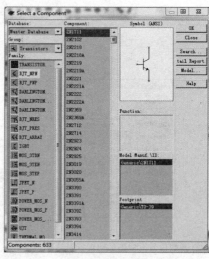

(b)　实际元件库

图 2-48　NPN 型三极管虚拟元件库和实际元件库

司的产品,如 Zetex、National 等,如果要选用国产的三极管,如 3DG6($\beta=80$),则只能在虚拟元件库中选取一个 BJT_NPN_VIRTUAL 来代替,β 的默认值是 100,如果需要进行修改,可以双击 BJT_NPN_VIRTUAL,打开其属性对话框如图 2-49 所示。

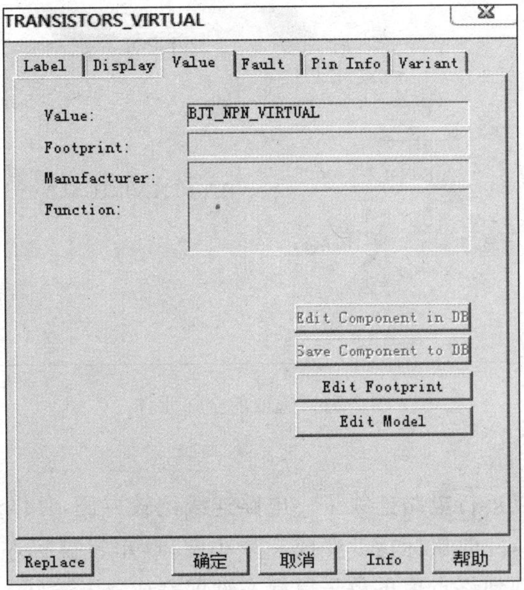

图 2-49 BJT_NPN_VIRTUAL 属性对话框

单击 Value 选项卡上的 Edit Model 按钮,打开的对话框如图 2-50 所示,其中的 BF 即 β,将它从 100 改为 80,单击 Change Part Model 按钮,回到 BJT_NPN_VIRTUAL 属性对话框,再单击"确定"按钮,就完成了三极管 β 值的修改。

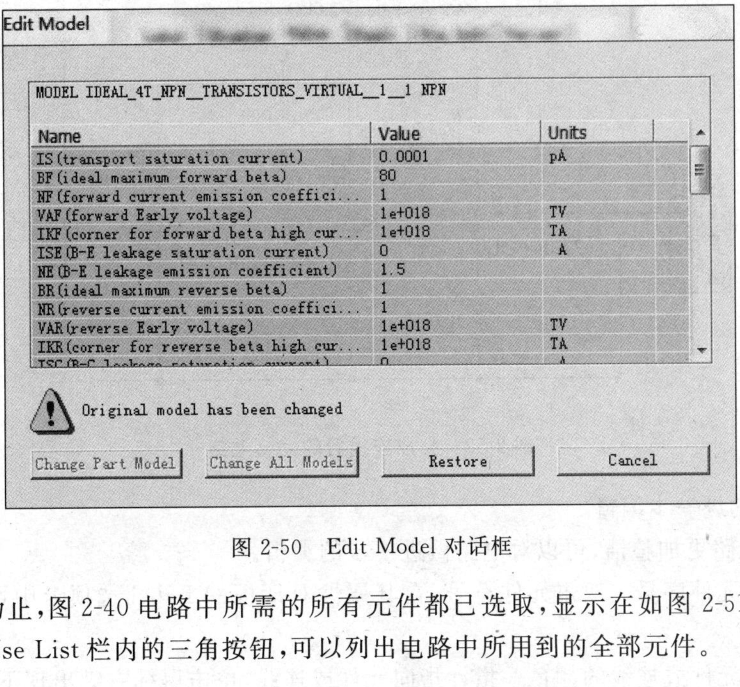

图 2-50 Edit Model 对话框

到目前为止,图 2-40 电路中所需的所有元件都已选取,显示在如图 2-51 所示的界面中,单击 In Use List 栏内的三角按钮,可以列出电路中所用到的全部元件。

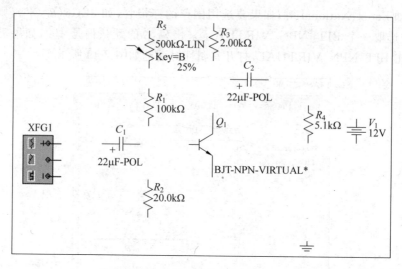

图 2-51 选取的全部元件

2) 电路连线

选择元件后,就可以进行电路连线了。电路连线比较方便,具体步骤是:将鼠标指向所要连接的元件引脚末端,此时鼠标指针变成一个小圆点,单击鼠标左键并移动鼠标,将在屏幕中出现一条虚线,移动到终点后再单击鼠标左键即完成一条连线。如果要从某点转弯,可在转弯点单击左键,然后继续移动直到终点,再单击鼠标左键即完成一条连线。整个电路完成连线后如图 2-52 所示。

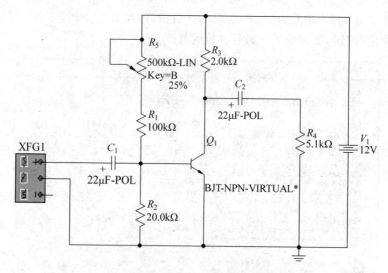

图 2-52 完成连线后的完整电路

3) 电路的进一步编辑

为了使电路更加整洁,可以对电路做进一步的编辑。

(1) 修改元件序号。双击元件符号,在其属性对话框的 Label 选项卡中可以对元件的序号进行修改。

(2) 修改元件或连线的颜色。指针指向元件或连线,单击鼠标右键出现下拉菜单,选择

Color 项,在弹出的颜色对话框中选择所需的颜色即可。

(3) 删除元件或连线。选中要删除的元件或连线,按下 Delete 键即可删除,删除元件时与该元件连接的连线一同消失;删除连线时不会影响元件。

4) 保存文件

编辑后的电路图通过选择菜单 File→Save As 命令得到保存,这与一般文件的保存方法相同,保存后的文件以.ms 8 为后缀。

2.5.3　电路仿真

按前所述,对这个共射极放大电路可以进行如下仿真。

1. 静态工作点测试

参照 2.4.1 节,可以进行电路的静态工作点测试。

2. 测量电压放大倍数

可以在图 2-30 的输入输出电压波形上读出电压的幅值,电路的电压放大倍数由它们的比值得到;或者从图 2-35 的幅频特性上得到电压放大倍数的波特值,运算后得到放大倍数。

3. 观察静态工作点对输出波形的影响

逐渐加大输入信号,用示波器观察输出波形,改变 R_W,使输出电压出现失真,如图 2-53 所示,再启动静态工作点分析,测量此时的 V_{CE} 值,分析波形失真与 V_{CE} 之间的关系,从波形上也可以看出此时的失真情况。

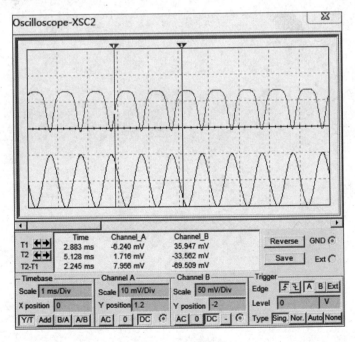

图 2-53　失真波形

4. 最大不失真输出电压 V_{OPP} 的测量

先将静态工作点调至放大器正常工作情况(即输出波形不失真),逐步增大输入信号的幅度,并同时调节 R_W(即改变静态工作点),用示波器观察输出波形,当输出波形同时出现饱和失真和截止失真时，说明静态工作点已调在交流负载线的中点。然后反复调整输入信号，使波形输出幅度最大，且无明显失真，此时，用交流毫伏表测出 V_O（有效值），则动态范围 $V_\text{OPP} = 2\sqrt{2}V_\text{O}$，或在示波器上直接读出 V_OPP。

5. 放大器频率特性的测量

根据 2.4.2 节介绍的交流分析的手段测量频率特性的方法，还可以使用波特图仪来进行频率特性的测量。

第3章 实际操作实验

3.1 直 流 电 路

3.1.1 实验目的

(1) 加深理解叠加原理和戴维南定理。

(2) 学习基本电工仪表和直流电源的使用方法。

(3) 学习测定有源二端网络等效内阻的方法。

(4) 加深对等效电路概念的理解。

3.1.2 实验原理概述

1. 叠加原理

在有几个独立源共同作用下的线性电路中,通过每一个元件的电流或其两端的电压,可以看成是由每一个独立源单独作用时,在该元件上所产生的电流或电压的代数和。

如图 3-1(a)所示为叠加原理实验电路,图中 E_1、E_2 为直流稳压电源,其内阻可近似看做零,R_1、R_2、R_3、R_4、R_5 均为线性电阻。该电路在 E_1、E_2 的共同作用时(K_1 打向左边,K_2 打向右边)所产生的各支路电流 I_1、I_2、I_3 及各电阻上的电压 U_{AB}、U_{CD}、U_{AD}、U_{DE}、U_{FA} 应该分别等于电路中仅有 E_1 作用时(K_1、K_2 都打向左边)所产生的各支路电流 I_1'、I_2'、I_3' 及各电阻上的电压 U_{AB}'、U_{CD}'、U_{AD}'、U_{DE}'、U_{FA}' 与仅有 E_2 作用时(K_1、K_2 都打向右边)所产生的各支路电流 I_1''、I_2''、I_3'' 及各电阻上的电压 U_{AB}''、U_{CD}''、U_{AD}''、U_{DE}''、U_{FA}'' 的代数和。

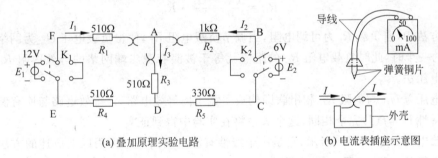

(a) 叠加原理实验电路　　　　(b) 电流表插座示意图

图 3-1 叠加原理实验电路

图 3-1(a)中"✕"为电流表插座,测量电流时,只要把电流表两测量端接上电流插头,然后把插头插入插座内,电流表即自动串入该支路,如图 3-1(b)所示。

2. 戴维南定理

任何一个线性有源网络,如果仅研究其中一条支路的电压和电流,则可将电路的其余部分看做一个线性有源二端网络,如图 3-2(a)所示。

戴维南定理指出:任何一个线性有源二端网络,就外部特性来说,可以用一个电压为 U_0 的电压源和阻值为 R_0 的电阻的串联组合等效置换。等效电压源的电压 U_0 等于原有源二端网络的开路电压 U_{OC},如图 3-2(b)所示。内阻 R_0 等于原有源二端网络除去全部独立源后的等效电阻。该串联组合即为戴维南等效电路,如图 3-2(c)所示。

(a) 线性有源二端网络   (b) 开路电压   (c) 戴维南等效电路

图 3-2   戴维南定理

用实验的方法直接测出有源二端网络的开路电压 U_{OC},即为该网络等效电压源的电压 U_O。内阻 R_O 可以通过三种实验方法求出。

(1)方法一:在网络可以除源的情况下(除去理想电压源后,电路中该两端短路,除去理想电流源后,电路中该两端开路),直接用万用表的电阻挡测量除源后网络两端的电阻。

(2)方法二:在网络允许短路的情况下,用电流表测出该有源二端网络的短路电流 I_{SC},再测出该有源二端网络的开路电压 U_{OC},则内阻为

$$R_O = \frac{U_{OC}}{I_{SC}}$$

此法称为开路电压、短路电流法。

(3)方法三:若二端网络内阻很低,不允许短路,可分别测出网络的开路电压 U_{OC} 和该网络接上负载 R_L 后,负载两端的电压 U_L,如图 3-2(a)所示。

因为

$$U_L = \frac{R_L}{R_O + R_L} \cdot U_O$$

所以可求得内阻 R_O 为

$$R_O = \frac{U_O - U_L}{U_L} \cdot R_L$$

此方法中,若负载 R_L 为可调电阻,当调节负载电阻 R_L,使得负载电压 U_L 为网络开路电压 U_{OC} 的一半时,此时负载电阻 R_L 的阻值就等于被测有源二端网络的等效内阻 R_O。此法称为半电压法。

由电压源 U_O 与内阻 R_O 相串联即构成了戴维南等效电路,该等效电路与原有源二端网络的外特性 $U = f(I)$ 完全相同,这个关系将在实验中得到证实。

实验电路如图 3-3(a)所示,它是一个线性有源二端网络。可用以上所述的方法求出它的戴维南等效电路,如图 3-3(b)所示。

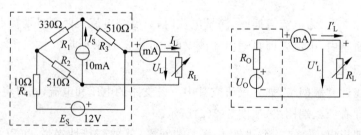

(a) 线性有源二端网络实验电路图   (b) 戴维南等效电路实验电路图

图 3-3   戴维南实验电路图

3.1.3 实验仪器设备

实验仪器设备见表 3-1。

表 3-1 实验仪器设备

序号	名 称	型号规格	数量	备注
1	直流稳压电源	SBL	2	
2	直流稳流电源	SBL	1	
3	直流电压表	SBL	1	
4	直流电流表	SBL	1	
5	电阻	$510\Omega/2W\times3$；$330\Omega/2W\times1$ $1k\Omega/2W\times1$；$10\Omega/2W\times1$	6	
6	电阻箱	$0\sim99999\Omega/2W$	2	
7	电流插座		3	
8	双刀双掷开关		2	
9	9孔插件方板	$297mm\times300mm$	1	
10	导线		若干	

3.1.4 预习要求

（1）叠加原理的实验中，电源 E_1 单独作用或电源 E_2 单独作用时，开关 K_1、K_2 应怎样操作？

（2）根据实验电路图 3-1(a)的参数进行仿真，记录表 3-2 所列数据。

表 3-2 各支路电流和电阻电压的仿真值

仿真值	E_1	E_2	I_1	I_2	I_3	U_{AB}	U_{CD}	U_{AD}	U_{DE}	U_{FA}
单位	V	V	mA	mA	mA	V	V	V	V	V
E_1 单独作用										
E_2 单独作用										
E_1、E_2 共同作用										

（3）根据实验电路图 3-3(a)进行仿真，计算二端网络的戴维南等效电路图 3-3(b)中的参数并填入表 3-3 中。

表 3-3 戴维南等效电路参数的仿真值

仿真项目	U_{OC}/V	I_{SC}/mA	R_0/Ω（计算）
仿真值			

（4）写出测量二端网络等效电压源的电压 U_{OC}、短路电流 I_{SC} 的操作步骤。

（5）本实验可用哪几种方法测出二端网络的等效电阻？

3.1.5 实验步骤

1. 验证叠加原理

E_1、E_2 均为可调直流稳压电源,分别调节 E_1、E_2,使 $E_1 = +12V$,$E_2 = +6V$。根据图 3-1(a),把电源 E_1、E_2 接至电路中,完成表 3-4 的内容。

表 3-4　各支路电流和电阻电压的测量值

测量值	E_1	E_2	I_1	I_2	I_3	U_{AB}	U_{CD}	U_{AD}	U_{DE}	U_{FA}
单位	V	V	mA	mA	mA	V	V	V	V	V
E_1 单独作用										
E_2 单独作用										
E_1、E_2 共同作用										

2. 验证戴维南定理

按图 3-3(a)接好线路,用开路电压、短路电流法,测定该有源二端网络的戴维南等效电路参数 U_{OC}、I_{SC},并计算出 R_O,填入表 3-5。

表 3-5　戴维南等效电路参数的测量值

仿真项目	U_{OC}/V	I_{SC}/mA	R_O/Ω(计算)
测量值			

*3. 测量二端网络的外特性

按表 3-6 的要求,调节图 3-3(a)中负载电阻 R_L(用电阻箱代替)阻值。测出相应的负载端电压 U_L 与流过负载的电流 I_L,完成表 3-6 中前两行的内容。

*4. 测量等效电压源的外特性

取步骤 2 中的 $U_{OC}(U_O = U_{OC})$ 和 R_O,按图 3-3(b)接线,组成二端网络的等效电压源电路,测出相应的负载端电压 U_L' 与流过负载的电流 I_L',完成表 3-6 中后两行的内容。

表 3-6　二端网络与等效电源电路的外特性

测量项目 \ 负载电阻/Ω		0	100	400	500	R_O	550	600	800	1k	2k	5k	∞
二端网络	U_L/V												
	I_L/mA												
等效电源	U_L'/V												
	I_L'/mA												

3.1.6 实验总结

(1) 选取表 3-4 中部分电压和电流的实验数据,验证线性电路的叠加性。

（2）选取叠加原理实验中部分支路电流与电阻电压的仿真值与实测值，计算其相对误差。

（3）对戴维南实验中 U_{OC}、R_O 实测值与仿真值进行比较，分析其产生误差的原因。

（4）在同一坐标纸上分别绘出图 3-3(a)、(b)的外特性 $U_L = f(I_L)$、$U'_L = f(I'_L)$，验证戴维南定理的正确性。

3.1.7 实验注意事项

（1）直流稳压源不允许短路，直流恒流源不允许开路。

（2）接线及测量时，以电路图所标的电流方向为参考方向。

3.2 正弦稳态交流电路相量的研究

3.2.1 实验目的

（1）掌握正弦交流电路中电压、电流相量之间的关系。

（2）掌握功率的概念及感性负载电路提高功率因数的方法。

（3）了解日光灯电路的工作原理，学会连接日光灯电路。

（4）学会使用功率表。

3.2.2 实验原理简述

1. RC 串联电路

在单相正弦交流电路中，用交流电流表测得各支路的电流值，用交流电压表测得回路各元件两端的电压值，它们之间的关系应满足相量形式的基尔霍夫定律，即

$$\sum \dot{I} = 0, \quad \sum \dot{U} = 0$$

实验电路为 RC 串联电路，如图 3-4(a)所示，图中 R 为两只白炽灯泡并联时的等效电阻，在正弦稳态信号源 $\dot{U}$ 的激励下，有

$$\dot{U} = \dot{U}_R + \dot{U}_C = \dot{I}(R - jX_C)$$

从上述相量关系表达式可以得到相应的相量图，如图 3-4(b)所示。$\dot{U}$、$\dot{U}_R$ 与 $\dot{U}_C$ 三个相量构成一个直角三角形。当阻值 R 改变时，$\dot{U}_R$ 与 $\dot{U}_C$ 始终保持着 90°的相位差，所以 $\dot{U}_R$ 的相量轨迹是一个半圆。从图中可知，改变 C 或 R 值可改变 $\dot{U}_R$ 与 $\dot{U}$ 之间的夹角 φ 的大小，从而达到移相的目的。

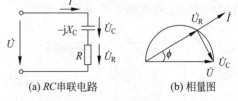

(a) RC串联电路   (b) 相量图

图 3-4 RC 串联电路及相量图

2. 日光灯电路及其功率因数的提高

日光灯电路由启辉器、灯管和镇流器三部分组成。

启辉器（如图 3-5(a)所示）是一个充有氖气的玻璃泡，其中装有一个不动的静触片和一个用双金属片制成的 U 形可动触片，其作用是使电路自动接通和断开。在两电极间并联一个电容器，用以消除两触片断开时产生的火花对附近无线电设备的干扰。

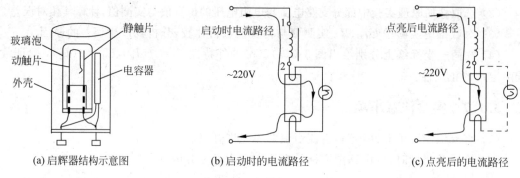

(a) 启辉器结构示意图　　　　(b) 启动时的电流路径　　　　(c) 点亮后的电流路径

图 3-5　启辉器示意图和日光灯点亮过程

　　灯管是一根普通的真空玻璃管,管内壁涂上荧光粉,管两端各有一根灯丝,用以发射电子。管内抽真空后充氩气和少量水银。在一定电压下,管内产生弧光放电,发射一种波长很短的不可见光,这种光被荧光粉吸收后转换成近似日光的可见光。

　　镇流器是一个带铁心的电感线圈,启动时产生瞬时高电压,促使灯管放电,点亮日光灯。在点亮后又限制了灯管的电流。

　　日光灯实验电路如图 3-6(a)所示,日光灯的点亮过程如下:当日光灯刚接通电源时,灯管尚未通电,启辉器两极也处于断开位置。这时电路中没有电流,电源电压全部加在启辉器的两电极上,使氖管产生辉光放电而发热,可动触片受热变形,于是两触片闭合,灯管灯丝通过启辉器和镇流器构成回路,如图 3-5(b)所示。灯丝通电加热发射电子,当氖管内两个触片接通后,触片间不存在电压,辉光放电停止,双金属片冷却复原,两触片脱开,回路中的电流瞬间切断。这时镇流器产生相当高的自感电压,它和电源电压串联后加在灯管两端,促使管内氩气首先电离,氩气放电产生的热量又使管内水银蒸发,变成水银蒸气。当水银蒸气电离导电时,激励管壁上的荧光粉而发出近似日光的可见光。

　　灯管点亮后,镇流器和灯管串联接入电源,如图 3-5(c)所示。由于电源电压部分降落在镇流器上,使灯管两端电压(也就是启辉器两触片间的电压)较低,不足以引起启辉器氖管再次产生辉光放电,两触片仍保持断开状态。因此,日光灯正常工作后,启辉器在日光灯电路中不再起作用。

　　日光灯点亮后的等效电路如图 3-6(b)所示,其中灯管可近似看做电阻负载 R,镇流器可用小电阻 r 和电感 L 串联来等效。

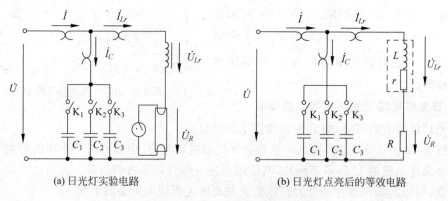

(a) 日光灯实验电路　　　　　　(b) 日光灯点亮后的等效电路

图 3-6　日光灯实验电路及等效电路

若用数字功率表测得镇流器所消耗的功率 P_{Lr}，也就是等效电阻 r 所消耗的功率，又用电流表测得通过镇流器的电流 I_{Lr}，则可求得镇流器的等效电阻 r。

由于

$$P_{Lr} = I_{Lr}^2 \cdot r$$

则

$$r = \frac{P_{Lr}}{I_{Lr}^2}$$

再用数字功率表的交流电压挡测得镇流器的端电压 U_{Lr}，根据 $U_{Lr}^2 = I_{Lr}^2 \cdot (X_L^2 + r^2)$ 可求得镇流器的感抗 X_L 为

$$X_L = \sqrt{\left(\frac{U_{Lr}}{I_{Lr}}\right)^2 - r^2}$$

则镇流器的等效电感为

$$L = \frac{X_L}{2\pi f}$$

其中，$f = 50\text{Hz}$。

日光灯灯管 R 所消耗的功率为 P_R，电路消耗的总功率为 $P = P_R + P_{Lr}$。只要测出电路的总功率 P、总电流 I 和总电压 U，就能求出电路的功率因数 $\cos\varphi = \dfrac{P}{U \cdot I}$。

日光灯的功率因数较低（电容 $C = 0$ 时），一般在 0.6 以下，且为感性电路，因此往往采用并联电容器的方法来提高电路的功率因数，由于电容支路的电流 $\dot{I}_C$ 超前于电压 $\dot{U}_C$ 90°，抵消了一部分日光灯支路电流中的无功分量，使电路总电流减少，从而提高了电路的功率因数。当电容增加到一定值时，电容电流等于感性无功电流，总电流下降到最小值，此时，整个电路呈现纯电阻性，$\cos\varphi = 1$。若再继续增加电容量，总电流 I 反而增大了，整个电路呈现电容性，功率因数反而又降低了。

3.2.3 实验仪器设备

实验仪器设备见表 3-7。

表 3-7 实验仪器设备

序号	名 称	型 号 规 格	数量	备注
1	单相功率表	MC1098	1 只	
2	30W 日光灯镇流器	30W	1 只	
3	电容器	1μF/600V、2.2μF/600V、4.7μF/600V	1 组	
4	启辉器		1 只	
5	导线	全封闭式	若干	

3.2.4 预习要求

(1) 复习"RLC 串联电路"和"功率因数的提高"两章节的内容。

(2) 了解功率表的原理和使用，参阅有关内容。

(3) 了解日光灯电路的组成和工作原理。

（4）实验电路的总电压$\dot{U}$、灯管电压$\dot{U}_R$及镇流器电压$\dot{U}_L$之间存在着什么关系？

（5）提高日光灯电路的功率因数为什么只采用并联电容器法，而不用串联法？所并联电容的电容值是否越大越好？

（6）并联电容后，日光灯支路的电流$\dot{I}_L$是否改变？电路的总有功功率P是否改变？为什么？

3.2.5 实验步骤

1. RC串联电路电压三角形的测量

（1）用两只220V、15W的白炽灯泡（并联）和4.7μF/450V电容器串联组成如图3-4(a)所示的实验电路，将自耦调压器的输出电压调至220V。测量U、U_R、U_C值，记入表3-8中。

（2）改变电阻R的阻值（用一只灯泡），重复（1）的内容，验证U_R相量轨迹。

表3-8　电压三角形的测量值

白炽灯盏数	测量值			计算值	
	U/V	U_R/V	U_C/V	U/V	ϕ
2					
1					

2. 日光灯电路及其功率因数的提高

（1）先打开电源，将电压调至220V，关断电源待用。按图3-6(a)接好实验电路，检查电路无误后打开电源，观察日光灯的点亮过程和启辉器的动作情况。

（2）分别测量未接入电容和接入不同电容时的各种参数，完成表3-9的内容。

表3-9　不同补偿电容时的参数测量值

测试条件	U/V	U_{Lr}/V	U_R/V	I/A	I_{Lr}/A	I_C/A	P/W	P_{Lr}/W	P_R/W	计算 $\cos\phi$
$C=0$										
$C=1\mu$F										
$C=2.2\mu$F										
$C=3.2\mu$F										
$C=4.7\mu$F										
$C=7.9\mu$F										

注：由于功率表除了可测功率之外，还可以同时测量电压和电流，所以在测量表3-9的数据时，U、I、P可同时测量，U_{Lr}、I_{Lr}、P_{Lr}可同时测量，U_R、P_R可同时测量（此时电流仍为I_{Lr}），最后单独测量I_C。

3.2.6 实验总结

（1）根据表3-9中的实验数据，在**同一方格纸**上画出日光灯电路提高功率因数的电压、电流相量图。

（2）根据实验原理中计算参数的方法，结合表3-9每一行的实验数据，分别计算日光灯管的等效电阻值R、镇流器的电感L和电阻r，取这些计算值的平均值作为最后的结果。

（3）讨论改善电路功率因数的意义和方法。

3.2.7 实验注意事项

（1）在实验操作过程中,应防止触电,注意安全。

（2）为了保护仪表,日光灯启动时不要将仪表接入电路,待日光灯正常工作后进行测量。

（3）如电路接线正确,日光灯仍不能启动时,应检查启辉器及其接触是否良好。

3.3 三相交流电路

3.3.1 实验目的

（1）验证三相对称负载星形、三角形联接时,线电压与相电压、线电流与相电流之间的关系。

（2）了解不对称负载星形联接时中线的作用。

（3）学习三相功率的测量方法。

3.3.2 实验原理简述

三相负载根据其额定值和电源电压,可作星形（Y）联接或三角形（△）联接,如图 3-7、图 3-8 所示。对称三相负载作 Y 联接时,$U_1=\sqrt{3}U_P$,$I_1=I_P$。中线电流 $I_0=0$,可以不接中线。对称三相负载作△联接时,$U_1=U_P$,$I_1=\sqrt{3}I_P$。U_1、U_P 分别为线电压和相电压,I_1、I_P 分别为线电流和相电流。

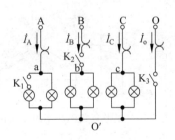

图 3-7 三相负载星形接法

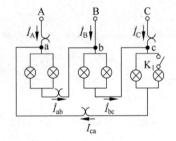

图 3-8 三相负载三角形接法

不对称三相负载作 Y 联接时,中线电流 $I_0\neq0$,必须有中线。这时仍有 $U_1=\sqrt{3}U_P$,即负载上的相电压仍对称。如果无中线,则 $U_1\neq\sqrt{3}U_P$,负载较小的那一相相电压较高,相电压不对称,使负载不能正常工作。因此,照明电路都采用有中线的三相四线制（YO）接法。为了防止中线断开,不允许在中线上安装熔断器和开关。

不对称三相负载作△联接时,$I_1\neq\sqrt{3}I_P$。这时只要电源 3 个线电压对称,不对称负载的 3 个相电压仍对称,对电器设备没有影响。

三相负载消耗的总功率等于每相负载消耗的功率之和,所以对于任何三相负载,都可以采用三瓦特表法测定功率。三瓦特表法就是用 3 只瓦特表分别测量每相负载的功率,然后相加;

在负载不变的情况下,也可以用一只瓦特表依次测量各相负载功率,然后相加即得三相总功率。

当负载对称时,每相的有功功率相等,所以只要用一个瓦特表测出任意一相的功率再乘以 3,即得三相总功率。这种测量功率的方法叫一瓦特表法,如图 3-9 所示。以上方法在实际应用中很不方便,所以较少采用。对于三相三线制电路,不论负载是否对称,是星形接法还是三角形接法,都可以采用二瓦特表法测量其功率,因此二瓦特表法得到了广泛的应用。下面以星形接法的三相对称负载为例,说明二瓦特表法的原理。

三相电路的瞬时功率的求解过程如下:

因为

$$p = p_A + p_B + p_C = u_A \cdot i_A + u_B \cdot i_B + u_C \cdot i_C$$
$$i_A + i_B + i_C = 0$$

所以

$$p = u_A \cdot i_A - u_C \cdot i_A + u_B \cdot i_B - u_C \cdot i_B$$
$$= u_{AC} \cdot i_A + u_{BC} \cdot i_B$$
$$= p_1 + p_2$$

因此平均功率为

$$P = P_1 + P_2 = U_{AC} \cdot I_A \cdot \cos\alpha + U_{BC} \cdot I_B \cdot \cos\beta$$

其中,α 为 $\dot{U}_{AC}$、$\dot{I}_A$ 之间的相位差角,β 为 $\dot{U}_{BC}$、$\dot{I}_B$ 之间的相位差角。

因此用两个瓦特表可以测量三相功率,其接法如图 3-10 所示。第 1 个功率表 W₁ 的读数为 $P_1 = U_{AC} \cdot I_A \cdot \cos\alpha$,第 2 个功率表 W₂ 的读数 $P_2 = U_{BC} \cdot I_B \cdot \cos\beta$。但要注意,两个功率表各自的读数是毫无意义的,因为一个功率表读数并不代表电路中任一部分的功率。

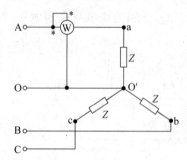

图 3-9　星形负载测功率的一瓦特表法

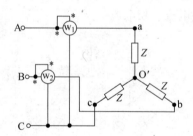

图 3-10　星形负载测功率的二瓦特表法

下面分析不同性质(电阻、感性、容性)的负载对两个瓦特表读数的影响。从图 3-11 可知:$\alpha = 30° - \varphi$,$\beta = 30° + \varphi$,φ 为相电压与相电流的相位差角。

(1) 当 $\varphi = 0$ 时(纯电阻负载),$P_1 = P_2$,则三相功率:$P = P_1 + P_2 = 2P_2$。

(2) 当 $\varphi < 60°$ 时,P_1、P_2 均为正值,则三相功率:$P = P_1 + P_2$,总功率为两个瓦特表读数之和。

(3) 当 $\varphi = 60°$ 时,P_1 为正值,$P_2 = 0$,则三相功率:$P = P_1$。

(4) 当 $\varphi > 60°$ 时,P_1 为正值,P_2 为负值,则三相总功率:$P = |P_1| - |P_2|$。

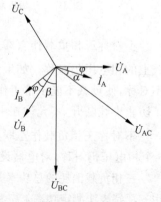

图 3-11　相量图

3.3.3　实验仪器设备

实验仪器设备见表 3-10。

表 3-10　实验仪器设备

序号	名　　称	型 号 规 格	数量	备注
1	单相电量仪表板	MC1098	1 只	
2	白炽灯	15W	12 只	
3	导线	全封闭式	若干	

3.3.4　预习要求

（1）当负载的额定电压等于电源相电压时，负载应接成_____形。当负载的额定电压等于电源的线电压时，负载应接成_____形。

（2）负载作星形联接，如图 3-7 所示，aO′、bO′、cO′三相灯泡均为 15W，当 K_1、K_2、K_3 全合上时，中线电流 I_0 ＝_____；若 K_3 断开，对三组灯泡亮度_____影响。

（3）如图 3-7 所示电路中，K_1、K_2 断开，K_3 合上（三相负载不对称，有中线），负载相电压 $U_{aO'}$ ＝_____，$U_{bO'}$ ＝_____，$U_{cO'}$ ＝_____。三相线电流_____（相等/不等），中线电流_____（有/无）。当 K_3 也断开（不对称，无中线），负载相电压 $U_{aO'}$ ＝_____，$U_{bO'}$ ＝_____，$U_{cO'}$ ＝_____（估算时可认为灯泡为线性电阻）。所以 a 相灯泡发光_____（亮/暗），c 相灯泡发光_____（亮/暗）。

（4）如图 3-8 所示，负载作三角形联接，ab、bc、ca 三相灯泡功率均为 15W。当负载对称时线电流 I_A、I_B、I_C _____（相等/不等），相电流 I_{ab}、I_{bc}、I_{ca}_____。当 K_1 断开（即负载不对称）时，I_{ab} _____（变大/变小/不变），I_{bc} _____、I_{ca} _____、I_A _____、I_B _____、I_C_____。灯泡亮度_____（正常/不正常）。

（5）测量三相对称负载的功率时，采用_____瓦特表法，三相三线制不对称负载采用_____瓦特表法。三相四线制，不对称负载采用_____瓦特表法。

（6）用二瓦特表法测量功率是否也可表示为 $P = U_{AB} \cdot I_A \cdot \cos\alpha + U_{CB} \cdot I_C \cdot \cos\beta$（$\alpha$ 为 $\dot{U}_{AB}$ 与 $\dot{I}_A$ 之间的相位差角，β 为 $\dot{U}_{CB}$ 与 $\dot{I}_C$ 之间的相位差角）？答：_____。

（7）用三瓦特表法测量三相负载功率，瓦特表的电流线圈应测量三相负载的_____（线/相）电流，电压线圈应测量负载的_____（线/相）电压。用二瓦特别法测量三相负载功率，瓦特表电流线圈应测量三相负载的_____（相/线）电流，电压线圈应测量负载的_____（线/相）电压。

3.3.5　实验步骤

1. 负载作星形联接

按图 3-7 接好实验线路，经检查无误后接通电源，将电源电压调至**线电压 220V**，完成表 3-11 中各项测量内容。

注意：负载不对称时 K_1 断开，即 A 相一只灯泡通电；K_2 断开，即 B 相断路。

表 3-11　星形负载时的参数测量值

测量项目 / 负载情况	电源线电压			负载相电压			电流			中线		三瓦特表法测量功率			
										电压	电流				
	U_{AB} /V	U_{BC} /V	U_{CA} /V	$U_{aO'}$ /V	$U_{bO'}$ /V	$U_{cO'}$ /V	I_A /A	I_B /A	I_C /A	$U_{OO'}$ /V	I_O /A	P_A /W	P_B /W	P_C /W	计算 $P_总$ /W
对称 有中线															
对称 无中线															
不对称 有中线															
不对称 无中线															

注：(1) 在实际的实验接线时，K_1 为连接导线，K_2、K_3 为短接环。

(2) 负载不对称时，断开 K_1、K_2，无中线时断开 K_3 即可。

(3) 在测试时，负载相电压、电流和每一相的功率可以用功率表同时测得。

(4) 在不对称无中线的实验过程中，由于 C 相负载的电压比较低，所以 C 相的灯泡可能是不亮的。

2. 负载作三角形联接

按图 3-8 接好实验电路，经检查无误后，接通电源，调节电源电压使**线电压为 220V**，完成表 3-12 中各项测试内容。

表 3-12　三角形负载时的参数测量值

测量项目 / 负载情况	电压			线电流		相电流		二瓦特表法测功率		
	U_{AB} /V	U_{BC} /V	U_{CA} /V	I_A /A	I_C /A	I_{ab} /A	I_{ca} /A	P_1 /W	P_2 /W	计算 $P_总$ /W
对称										
不对称										

3.3.6　实验总结

(1) 根据实验数据总结对称负载作星形联接和三角形联接时，线电压与相电压、线电流与相电流之间的关系。

(2) 比较不对称负载作星形联接时，在三相三线制和三相四线制情况下线电压与相电压之间的关系，从而说明中线的作用。

(3) 用二瓦特表法测功率时，若不知道三相电源相序，是否可以进行测量？

3.3.7　注意事项

(1) 在星形接法又无中线时，操作时间不应过长，以免烧坏某相负载。

(2) 注意人身安全，防止触电。

(3) 在实验过程中，要求**线电压为 220V**，以免损坏负载。

3.4 三相异步电动机及继电接触控制

3.4.1 实验目的

(1) 了解三相鼠笼式异步电动机的结构及铭牌数据的含义。

(2) 了解交流接触器、热继电器、按钮等元件的结构、动作原理及其使用方法。

(3) 学习异步电动机正、反转控制线路的接线和调试。

(4) 学会由时间继电器、行程开关组成时间控制和行程控制电路的接线。

(5) 学会使用兆欧表、转速表、钳形电流表。

3.4.2 实验原理简述

1. 三相异步电动机

三相鼠笼式电动机主要由定子和转子两部分组成。定子绕组是三相对称绕组,有 6 个出线端 V_1、U_1、W_1、V_2、U_2、W_2 分别接在机座线盒上。其中 V_2、V_1 为一相定子绕组的首末端,U_2、U_1 为另一相定子绕组的首末端,W_2、W_1 为第三相定子绕组的首末端,如图 3-12 所示。三相鼠笼式异步电动机的主要额定值都标注在电动机的铭牌上。根据电动机的铭牌数据和三相电源电压确定连接成星形(Y 形)还是接成三角形(△形)。具体接法如图 3-13 所示。

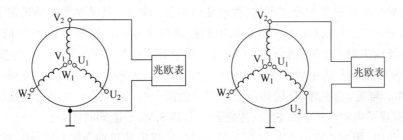

(a) 绕组与机壳间绝缘电阻的测量　　　　　(b) 绕组与绕组间绝缘电阻的测量

图 3-12　电动机绝缘电阻的测量

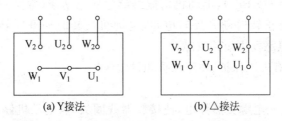

(a) Y接法　　　　　　　　(b) △接法

图 3-13　三相鼠笼式电动机定子绕组的连接方式

为了电动机能安全可靠地运行,除了保证电动机正常工作所需的一切外部条件外,电动机内部绕组间、绕组与机壳间还必须有良好的绝缘。因此,使用电动机之前和使用期间都应对绝缘电阻进行检测。测试电动机绝缘电阻的接线图如图 3-12 所示。通常对额定电压 500V 以下的电动机采用 500V 兆欧表进行测试。三相 380V 电动机的各种绝缘电阻都必须

大于 $0.5M\Omega$ 方可使用。

2．低压控制电器

以继电器、接触器为主体的继电接触控制电路是广泛应用的电动机控制电路。异步电动机的正、反转控制电路在不少生产机械中得到了广泛的应用。

交流接触器是一种受电磁作用而动作的电器，其主触点容量大，用于电动机主电路以控制三相电源的通断。其辅助触点分为动合(常开)触点和动断(常闭)触点，辅助触点容量小，一般用于电动机的控制电路，起自锁或互锁作用。交流接触器的主要技术数据为触点额定电流、额定电压和吸引线圈的工作电压。

热继电器是一种依靠双金属片受热变形而动作的电器，用来对负载进行过载保护。一般发热元件串联在主电路中，动断(常闭)触点接于控制电路，与接触器的吸引线圈串联。主要技术数据为发热元件的额定电压和整定电流。

时间继电器的型式有多种，有气囊式、晶体管式等等，实验中所用的是晶体管式时间继电器，接入控制电路中以控制电动机起动时刻及运行时间的长短，其主要技术数据为吸引线圈的工作电压和时间整定范围。

行程开关是一种利用推杆通过机械碰撞实现动作的开关电器，接于控制电路中以实现限位或往返的控制。

3．继电接触控制电路

三相异步电动机正、反转控制线路如图 3-14 所示。

由三相异步电动机工作原理可知，要改变电动机的转向，只要改变电动机定子的三相电源的相序即可，也就是调换定子三根相线中的任意两根即可。如图 3-14 所示的主电路中，当正转接触器的主触点 KM_F 闭合，定子绕组 3 个首端 V_2、U_2、W_2 分别接入电源的 L_1、U_2、L_3 相，而当反转接触器的主触点 KM_R 闭合，定子绕组 3 个首端 V_2、U_2、W_2 分别接入电源的 L_3、L_2、L_1 相。可见，当正转、反转接触器分别单独闭合时，通入定子绕组的电源相序发生了改变，也就实现了电动机的正反转。(注意：KM_F 和 KM_R 不能同时闭合!)

控制电路中，用起动按钮 SB_2 控制 KM_F 动作，实现电动机的正转；用 SB_3 控制 KM_R 动作，实现电动机的反转。

图 3-14 的控制电路中，动合(常开)触点 KM_F、KM_R 为自锁触点，它保证电动机起动后，即使松开起动按钮 SB_2(或 SB_3)，电动机仍能继续运转。动断(常闭)触点 KM_F、KM_R 为互锁触点，它保证电动机正转时断开反转电路，电动机反转时断开正转电路，以防止 KM_F、KM_R 同时动作，使主电路发生短路故障。

控制电路一般具有失压保护、短路保护和过载保护。

1) 失压保护

电动机运行时，由于电源突然停电，使接触器线圈失电，电动机停止运转；一旦电源恢复供电，不按起动按钮，电动机不会自行起动，这就称做失压保护，它能避免因电动机自行起动而造成人身、设备事故。

2) 短路保护

短路保护由熔断器 FU 实现，当电路发生短路事故时，熔断器 FU 自动熔断，整个线路断开。

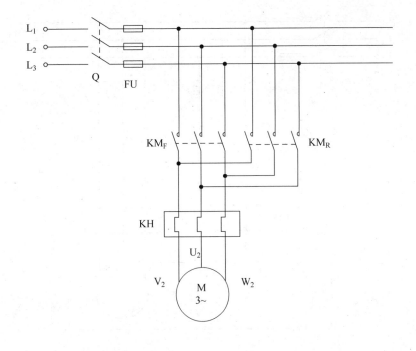

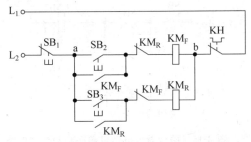

图 3-14 三相异步电动机的正、反转控制线路

3）过载保护

过载保护由热继电器 KH 实现，其作用是限制电动机绕组的温升，当电动机发生过载时，接在主电路中的热元件弯曲变形，使 KH 的动断（常闭）触点断开，控制电路断电，电动机停转；排除故障后，按下 KH 的复位按钮，为继续工作做好准备。

在实验室中，为了延长电器零件的使用寿命和接线方便，除电动机外的电器设备都已安装在实验台上，相应的线圈、触点的接线头也在板上引出。

有些生产机械要求按时间顺序起动、控制电动机，图 3-15 就是实现电动机 M_1 起动后，经过若干时间，电动机 M_2 自行起动的控制线路。当按下起动按钮 SB_2 时，接触器 KM_1 线圈得电，使电动机 M_1 起动，同时时间继电器 KT 的线圈也通电。由于时间继电器 KT 有一定的整定时间，因此它的延时闭合的动合（常开）触点不会立即闭合，这时 M_2 仍不工作，待时间继电器的整定时间到，其延时闭合的动合（常开）触点 KT 闭合，使接触器 KM_2 线圈得电，于是电动机 M_2 才自行起动起来。

生产实际中，有时要求对电动机的行程进行控制（即行程控制）。行程控制通常利用行程开关来实现。图 3-16 就是利用行程开关自动控制电动机正、反转的控制线路。

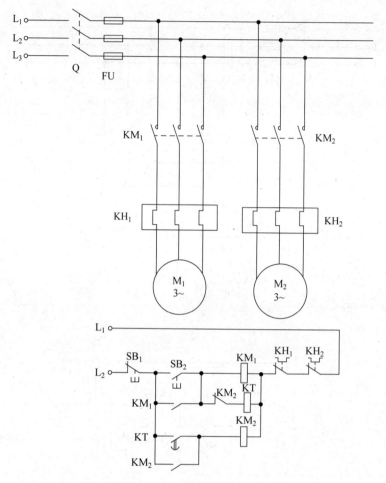

图 3-15　两台异步电动机顺序起动控制电路

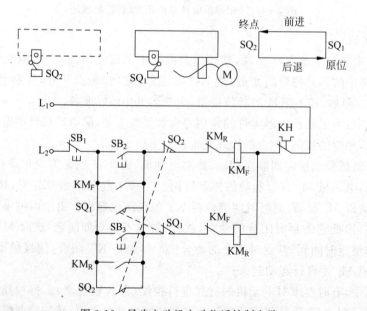

图 3-16　异步电动机自动往返控制电路

图 3-16 中 SQ_1、SQ_2 是两个行程开关,它们分别安装在预先确定的两个位置上(即原位和终点),由装在工作台上的撞块来撞动。当撞块压下行程开关时,其动合(常开)触点闭合,动断(常闭)触点断开。其实这是按一定的行程用撞块撞动开关,代替了人按按钮的动作。

按下正向起动按钮 SB_2,接触器 KM_F 得电动作并自锁,电动机正转,带动工作台前进。当工作台运行到达终点时,撞块撞动终点行程开关 SQ_2,SQ_2 的动断(常闭)触点断开,接触器 KM_F 失电,电动机停止正转。同时 SQ_2 的动合(常开)触点闭合,使接触器 KM_R 得电动作并自锁,电动机反转,带动工作台后退到原位,当撞块撞动 SQ_1 时,SQ_1 的动断(常闭)触点断开,使接触器 KM_R 失电,电动机停止反转。同时 SQ_1 的动合(常开)触点闭合,接触器 KM_F 得电动作并自锁,电动机又正转,使工作台前进,这样可一直循环下去。图中 SB_1 为停止按钮,SB_3 为反向起动按钮。

3.4.3 实验仪器设备

实验仪器设备见表 3-13。

表 3-13 实验仪器设备

序号	名　　称	型号规格	数量	备注
1	三相异步电动机	AE-5614	1台	或 2 台
2	钳形电流表	DM6019	1只	
3	兆欧表	ZC25-3	1只	
4	转速表	DM-6234	1只	
5	数字万用表	GDM8135	1只	
6	时间控制实验板		1块	
7	行程控制实验板		1块	
8	电工学实验台	SBL	1台	

3.4.4 预习要求

(1)阅读本书关于兆欧表、转速表的工作原理和使用方法。

(2)是否可用普通万用表测试电动机的绝缘电阻?为什么?

(3)直接起动电动机时,出现下列故障,你认为其故障的原因何在?

① 合上电源开关,电动机不转动,亦无其他异常现象,其故障的原因可能是_____。

② 合上电源开关后,电动机不转动,但发出嗡嗡的电磁噪声,其故障的原因可能是_____。

③ 合上电源开关后,电动机迅速转动起来,但不久之后电动机温升很高,可闻到焦糊味,其故障的原因是_____。

(4)三相异步电动机的空载转速应_____(大于、略大于、小于、等于)电动机铭牌上标注的转速。

(5)改变电动机的转向只需要换接_____(任何二相/三相)的接线。

(6)在电动机的正、反转控制电路中,如图 3-14 所示,若不接 KM_F 和 KM_R 的动合(常开)触点,则电路将处于_____工作方式;若不接 KM_F 和 KM_R 动断(常闭)触点,则电路可能会出现_____故障。

(7) 在接线、拆线或实验过程中检查电路时,首先必须_____三相电源。

3.4.5 实验步骤

1. 三相异步电动机的铭牌数据

请记录于表 3-14 中。

表 3-14 三相异步电动机的铭牌数据

型号		绝缘等级	
编号		频率	
定额	连 续	额定功率	
电压		电流	
转速			

2. 测量电动机的绝缘电阻

(1) 用兆欧表测量电动机绕组与机壳之间的绝缘电阻。首先按图 3-12(a)接线,注意,电动机机壳表面的被测点要擦干净,以获得正确的测量数据并记入表 3-15。

(2) 用兆欧表分别测量两相绕组之间的绝缘电阻。将电动机定子绕组出线端上的短接环拔出,分别取两相绕组的一端,按图 3-12(b)接线,测量绕组间绝缘电阻并记入表 3-15。

表 3-15 电动机的绝缘电阻值

绕组间绝缘电阻/MΩ			绕组对机壳间绝缘电阻/MΩ		
$R_{(V2,U2)}$	$R_{(U2,W2)}$	$R_{(W2,V2)}$	$R_{(V2)}$	$R_{(U2)}$	$R_{(W2)}$

3. 电动机正反转控制及空载电流 I_0、转速 n 的测量

先将电动机绕组 V_2、U_2、W_2 的连接线均断开,按图 3-14 接线,经检查无误后,合上三相电源,按 SB_2 按钮,观察电动机的转向,再按 SB_1 使电动机停止,然后按 SB_3 观察电动机反转。

接线时采取先主电路后控制电路,先串联后并联接线的原则。

主电路接线顺序为:

(1) 电源三根相线 L_1、L_2、L_3→KM_F 3 个主触点(1、3、5 端)→KH 发热元件→电动机定子绕组的 3 个出线端。

(2) 将 KM_R 3 个主触点(2、4、6 端)并联在 KM_F 主触点(2、6、4 端)两端,但要注意交叉接线,即并联的 KM_R 3 个主触点使电动机改变相序。

控制电路接线顺序为:

(1) 电源一根相线(L_2)→SB_1 停止按钮→SB_2 正转启动按钮→KM_R 动断(常闭)触点→KM_F 线圈→KH 动断(常闭)触点→电源另一根相线(L_1)。

(2) SB_2 两端并联 KM_F 动合(常开)触点。

(3) 接线端 a→SB_3 反转启动按钮→KM_F 动断(常闭)触点→KM_R 线圈→接线端 b。

(4) SB_3 两端并联 KM_R 动合(常开)触点。

接线正确后,起动电动机,用钳形电流表和转速表测出电动机的空载电流 I_0 和空载转速 n_0。测得:$I_0 =$ _____(A),$n_0 =$ _____(r/min)。

4.电动机顺序起动控制

按图 3-15 接线,经检查无误后,合上 Q 通电。按下起动按钮 SB_2,观察电动机 M_1 是否先起动,经过一定时间后,M_2 再自行起动。按下停止按钮 SB_1,观察 M_1、M_2 是否同时停止转动。调节时间继电器 KT 的延时时间,观察两台电动机先后起动的时间间隔变化情况。

5.电动机自动往返控制

按图 3-16 接线,经检查无误后,合上 Q 通电。按下启动按钮 SB_2,压动 SQ_1,观察电动机转向。然后压动 SQ_2(模拟撞块往返一次),观察电动机转向是否满足电路设计的要求。

3.4.6 实验总结

根据实验情况,总结完成本实验需注意的问题。

(1) 为什么实验中所测得的转速略大于电动机的铭牌上所标注的转速?

(2) 在电动机的正、反转控制实验电路图中,为什么不能用熔断器作为过载保护?

(3) 在图 3-15 的控制电路中,KT 延时闭合的动合触点的两端为何要并联 KM_2 动合(常开)触点?

3.4.7 实验注意事项

(1) 注意安全用电,接线、拆线或实验过程中检查电路时,必须切断三相电源。

(2) 实验中若出现异常现象,应首先切断三相电源,然后分析原因,检查电路并报告指导教师。

3.5 常用电子仪器的使用练习

3.5.1 实验目的

(1) 了解示波器、函数信号发生器、交流毫伏表的主要性能和使用方法。

(2) 初步掌握用 GOS-6021 示波器观察信号波形及测量信号参数的方法。

3.5.2 实验原理简述

在电子技术实验中大都使用双踪示波器、函数信号发生器、交流毫伏表、万用表来完成电子电路的静态和动态工作情况的测量。

根据测量参数的不同,如交直流电路的电压、电流,交流电路的频率、相位等,实验中要对各种电子仪器仪表进行综合使用。首先要搞清楚各种电子仪器仪表的主要性能、基本技术指标和正确的使用方法。在使用过程中,要以连线简洁、调节顺手、观察读数方便等为原则,进行合理布局。图 3-17 是各仪器与被测实验电路之间的连接图,为防止外界电磁场和工频干扰,示波器、函数信号发生器、交流毫伏表的引线通常使用屏蔽线或专用电缆线,这种线的外层金属编织线为屏蔽层,与仪器的公共接地端连接在一起。测量时,各仪器的公共接地端(黑夹子)应连在一起,如图 3-17 所示,此种连接方法称共地连接。直流电源的接线用普通导线。

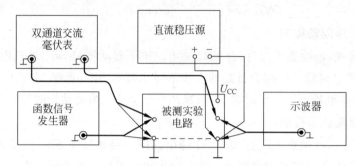

图中细线箭头表示黑色线，粗线箭头表示红色线

图 3-17　实验仪器与被测实验电路的连接图

1. 示波器的使用

GOS-6021 双踪示波器的前面板各调节钮介绍见 1.4 节。

1) 输入信号电压、周期、频率的测量

用 GOS-6021 型双踪示波器测量信号的电压、时间、频率与使用其他型号双踪示波器的测量原理一致,各旋钮的操作大同小异。

首先将被观测的信号接入通道 1(CH1)或通道 2(CH2),按下此通道选择开关 CH1 或 CH2 "灯亮"。按下接地按钮 GND,屏幕的左下方显示接地符号"⊥",触发方式选择开关置 AUTO,按触发源选择开关(SOURCE),选输入信号作为触发源,使屏幕的右下方显示 CH1 或 CH2。这时屏幕上出现一条扫描基线,调节垂直位移旋钮使基线位于某一刻度线,此刻度线就是"零电平基准线"。"零电平基准线"确定后,关掉输入接地,按"AC/DC 耦合选择"按钮,使输入通道处于 DC 耦合,屏幕的左下方显示"—"符号。调节垂直灵敏度旋钮 (VOLTS/DIV)和时基灵敏度旋钮(TIME/DIV),同时调节触发电平旋钮(LEVEL)到触发灯"TRG"亮,使屏幕上观察到一个周期以上完整的波形(注:垂直灵敏度微调(VAR)和时基灵敏度微调(VAR)都处于"关"位置),被测信号显示的波形如图 3-18 所示,假设周期 T 占 C 格,电压峰-峰值占 A 格,直流电压成分占 B 格。则:

被测信号交流分量的峰-峰值为: $U_{P-P} = A \times (V/div)$;

被测信号的直流分量为: $U = B \times (V/div)$;

被测信号的周期为: $T = C \times (t/div)$;

频率为: $f = \dfrac{1}{T}$。

V/div 为垂直灵敏度值,显示在屏幕的左下方。t/div 为时基灵敏度值,显示在屏幕的右下方。

GOS-6021 型双踪示波器具有光标量测功能,正确操作 ΔV-ΔT-1/ΔT-OFF 按钮和 C1-C2-TRK 按钮,移动测量光标到相应位置,可以从屏幕的左上方直接读出被测信号的峰-峰值、直流电压值、周期或频率。

2) 相位的测量

两个同频率的被测信号分别送入通道 CH1 和 CH2。ALT/CHOP 选择按钮置于交替

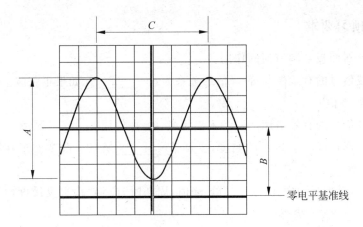

图 3-18　含有直流分量的输入信号波形测量

ALT(频率低时可用断续 CHOP),触发源选择开关(SOURCE)置于垂直模式 VERT(CH1
或 CH2 也可),调节两输入通道 CH1 和 CH2 的"零电平基
准线"在 OO′ 刻度上。按 AC/DC 耦合选择按钮,使两输入
通道都处于 AC 耦合。调节触发电平旋钮 LEVEL 到触发
灯 TRG 亮,使两波形稳定,如图 3-19 所示。从屏幕的方格
中读得波形 A 一个周期(360°)为 m 格,则每格电角度为
$360°/m$。从屏幕上同时可以看到波形 B 滞后于 A 的格数为

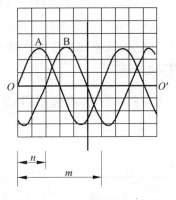

n。则两个波形的相位差为 $\phi = \dfrac{360°}{m} \times n$。

图 3-19　示波器测量相位差

为了测量中读数方便、精确,一般把波形的一个周期调
到 9 大格,这样每大格的电角度为 40°。相位差也可用光标
直接测出: $n = \nabla T$。由计算可得到 $\phi = 360° \times f \times \nabla T$。

2. 函数信号发生器

目前市场上的函数信号发生器均能作为正弦波、方波、三角波、斜波、脉冲波信号源。实
验室采用的是 DF1641C 型函数信号发生器,信号的峰-峰值 $U_{P\text{-}P}$ 为 0~20V 之间可调并用 3
位 LED 显示,信号的频率 f 为 0.3Hz~3MHz 之间可调并采用 5 位 LED 显示。

使用函数信号发生器时,应先选好信号波形,再进行频率 f 和峰-峰值 $U_{P\text{-}P}$ 的调节。调
节频率 f 和峰-峰值 $U_{P\text{-}P}$ 时,应根据实验的需要先调好范围(粗调),再细调,直至需要的
数值。

3. 交流毫伏表

交流毫伏表主要用于测量正弦交流电压的有效值。

DF2170A 型交流毫伏表可同时测量两个不同交流信号的有效值,故又称双通道交流毫
伏表。它的交流电压测量及适用频率的范围分别为 30μV~300V 和 5Hz~2MHz。测量
时,应先把仪表的测量端与被测对象可靠接触,再把量程从大逐挡减小至合适的量程(指针
在满刻度的 1/3~2/3 为宜)。量程分为 0.3mV、3mV、30mV、300mV、3V、30V、300V 和
1mV、10mV、100mV、1V、10V、100V 这两种情况,选择前一种量程时读 0~3 的刻度,选择
后一种量程时读 0~1 刻度。读数的单位与量程相同。

3.5.3 预习要求

(1)熟悉仪器面板各调节钮的作用。

(2)正弦波信号的有效值与峰-峰值的关系为:_____。如果正弦波信号电压的有效值 $U=1$V,则峰-峰值 $U_{P-P}=$_____V。

(3)正弦波信号的有效值用_____表测量,峰-峰值用_____测量。

(4)改变波形在屏幕上显示的幅度,要调节_____旋钮;改变波形在屏幕上显示的周期个数,要调节_____旋钮。

(5)用 GOS-6021 示波器测量电压峰-峰值、周期时,应将"垂直灵敏度微调"和"时基灵敏度微调"处于_____状态。

(6)"零电平基准线"在做波形图和测量直流电压中有什么定义?写出"零电平基准线"调试过程。

(7)DF1641C 型函数信号发生器有哪几种基本输出波形?频率在多少范围内可调?信号峰-峰值最大是多少?折算成有效值是多少?信号输出端可否短接?为什么?

(8)交流毫伏表是用来测正弦波电压还是非正弦电压?工作频率范围是多少?可否测直流电压?

3.5.4 实验仪器设备

实验仪器设备见表 3-16。

表 3-16 实验仪器设备

序号	名　称	型号规格	数量
1	示波器	GOS-6021	1 台
2	函数发生器	DF1641C	1 台
3	交流毫伏表	DF2170A	1 台
4	直流稳压电源		1 台

3.5.5 实验步骤

1. 用示波器测试"校正信号"的幅度、频率

将示波器面板上的"0.5V、1kHz"方波信号接入"CH1"或"CH2"通道,参考实验原理中所述方法,调节各旋钮,使屏幕上显示 2～3 个周期,幅度为 4～8div(大格)的信号波形。把测量数据记于表 3-17 中。

表 3-17 "校正信号"的幅度与频率值

信号参数	标称值	信号格数	灵敏度	计算值	光标测量值
峰-峰值 U_{p-p}	0.5V	div	V/div		
周期 T	1ms	div	ms/div		

2．测量正弦波的幅值和频率

1）测频率（周期）

调节函数信号发生器，使其输出频率分别为 200Hz、5kHz、10kHz、100kHz，用交流毫伏表测得有效值均为 1V 的正弦波，用示波器测量上述信号并记入表 3-18。

表 3-18　正弦波信号频率与周期的测量值

正弦波信号频率	周期格数/div	时基灵敏度/(t/div)	计算值		光标测量值	
			周期	频率	周期	频率
200Hz						
5kHz						
10kHz						
100kHz						

2）测峰-峰值

调节函数信号发生器，使其输出频率为 1kHz，用交流毫伏表测得有效值分别为 5mV、200mV、1V、2V 的正弦波，用示波器测量上述信号并记入表 3-19。

表 3-19　正弦波信号峰-峰值的测量

正弦波信号有效值	峰-峰值格数/div	垂直灵敏度/(V/div)	计算峰-峰值/mV 或 V	光标测量峰-峰值/mV 或 V	计算有效值/V
5mV					
200mV					
1V					
2V					

3．测量同频率信号的相位差

被测电路为 RC 移相电路。实验电路如图 3-20 所示，函数信号发生器输出频率为 1kHz、有效值为 2V 的正弦波，经 RC 移相电路可获得频率相同而相位不同的正弦信号，用示波器测出这两个信号的相位差，并记入表 3-20。示波器各调节钮的操作参考实验原理。

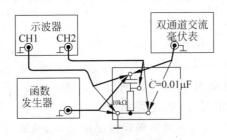

图 3-20　测量相位差电路图

注：图中细线箭头表示黑色线，粗线箭头表示红色线。

表 3-20　相位差的测量值

一个周期格数		两波形 X 轴相差格数/div		相位差	光标测得相位差
$m=$	(div)	$n=$	(div)	$\phi=$　°	$\phi=$　°

3.5.6　实验总结

（1）总结测量信号的有效值、峰-峰值、频率、相位差所用的仪器和方法？

（2）完成预习要求中的第 2～8 题。

3.5.7　注意事项

（1）函数信号发生器的输出端和直流电压源输出端都不能短路。

（2）为了防止交流毫伏表过载而损坏，测量结束后，先把量程开关置于 1V 以上挡位，再拆除交流毫伏表与被测点的连线。

3.6　单管电压放大器

3.6.1　实验目的

（1）掌握放大器静态工作点的测试和调整方法。

（2）了解静态工作点对电压放大倍数和输出信号波形的影响。

（3）了解集电极电阻和负载电阻对电压放大倍数的影响。

（4）学习正确使用信号发生器、双通道交流毫伏表。

3.6.2　实验原理简述

1. 单管交流电压放大器

如图 3-21 所示是分压式偏置的单管交流电压放大器电路，具有较好的稳定性能。图中偏置电路由固定电阻 R_{b1}、R_{b2} 和电位器 R_w 组成。R_w 用以调节偏置电阻 R_b 的大小，从而达到改变静态工作点的目的。

所谓静态工作点，就是当 u_i 等于零时的 I_C、I_B、U_{CE} 值。根据电路我们可以列出电压平衡方程式，从而在已知电路参数时确定静态工作点 Q，

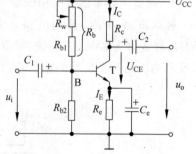

图 3-21　单管交流电压放大器电路

$$U_B = \frac{R_{b2}}{R_b + R_{b2}} U_{CC}$$

$$U_{CE} = U_{CC} - I_C \cdot R_c - I_E \cdot R_e$$

$$\approx U_{CC} - I_C \cdot (R_c + R_e)$$

放大器的动态工作情况可用图解法来分析。如图 3-22 所示，当输入正弦信号 u_i 时，电路将处于动态工作状态，根据输入信号 u_i，通过图解可确定输出信号 u_o，从而可得出 u_o 与 u_i 之间的相位关系和动态范围。图解的步骤是先根据输入信号 u_i 在输入特性曲线上画出 i_B 的波形，然后在输出特性曲线上通过 Q 点画出斜率为 $-1/R'_L$ 的交流负载线，再根据 i_B 的变化在输出特性曲线上画出 i_C 和 u_{CE} 的波形。

在保证输出信号不失真的情况下，静态工作点 Q 点一般选得低一些，这样有利于降低直流电源的能量消耗。当然 Q 点不能过低，也不能过高。Q 点过低（如图 3-23 中 Q'' 点所示），输出信号易产生截止失真；Q 点过高（如图 3-23 中 Q' 所示），输出信号易产

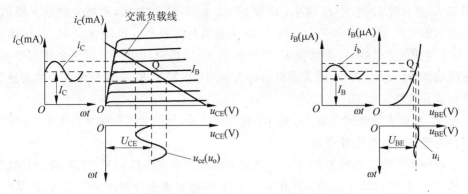

图 3-22　放大电路动态工作情况图解图

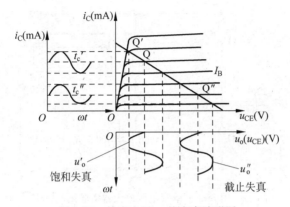

图 3-23　输出电压 u_o 的失真波形图

生饱和失真。若要使放大电路具有最大的动态变化范围,Q 点应选在交流负载线的中点,故在设计电路时要合理设置静态工作点。当然,要使输出电压不失真,输入信号也不能过大。

　　单管电压放大电路的交流电压放大倍数一般可通过交流微变等效电路来求得,图 3-21 放大电路的交流微变等效电路如图 3-24 所示,由此可得放大器的交流电压放大倍数为

$$A_u = \frac{u_o}{u_i} = -\beta \frac{R_C // R_L}{r_{be}}$$

式中

$$r_{be} \approx 300 + (1+\beta) \frac{26(\mathrm{mV})}{I_E(\mathrm{mA})}$$

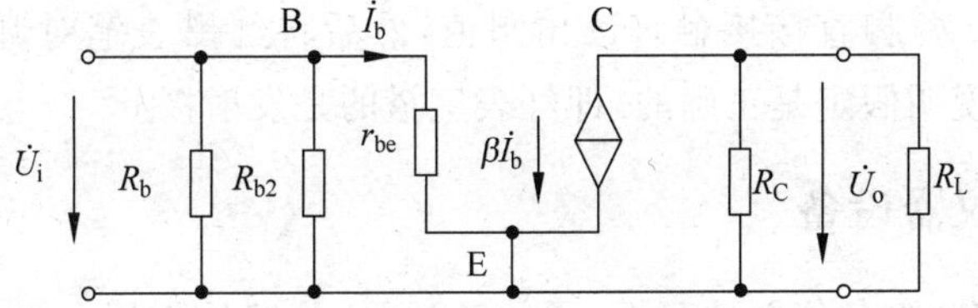

图 3-24　交流微变等效电路

所以 I_C 越大时 I_E 越大，r_{be} 越小，A_u 就越大。但 I_C 不能过大，否则会使放大器的静态工作点进入饱和区，形成饱和失真。此外，放大倍数与等效负载电阻 $R_C//R_L$ 成正比，但增加 R_C 并不能使放大倍数 A_u 增加很多，因还存在 R_L 的影响，而且 R_C 过大会使加在其上的直流压降增加，造成 U_{CE} 偏小，放大器极易进入饱和区。减小 R_C 却能使放大倍数明显下降，但不致形成非线性失真。

改变 R_L 对放大倍数的影响与改变 R_C 有类似之处，但前者不影响静态工作点，而 R_C 的变化将会使静态工作点位置移动。

实验板的实际布置如图 3-25 所示。在测量前应把毫安表接入 R_C 支路，R_C 的阻值可根据要求选择 $2\mathrm{k}\Omega$ 或 $4.3\mathrm{k}\Omega$，若 R_C 取值为 $4.3\mathrm{k}\Omega$，则毫安表连线如图中箭头所示，从而构成了完整的实验线路。

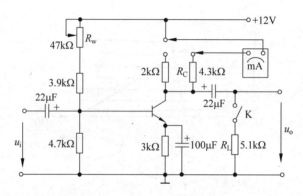

图 3-25　单管电压放大器实验图

2. 晶体三极管管型和引脚的判别

利用 PN 结的特性，也可判断三极管的引脚和极性。测量时数字式万用表一般选用"二极管"挡，若红表笔固定接一脚，黑表笔分别接其余两脚，测得的阻值读数都较小且较接近，则该管子是 NPN 型，并且红表笔接的是基极 b；若黑表笔固定接一脚，红表笔分别接其余两脚，测得的阻值读数都较小且较接近，则该管子是 PNP 型，并且黑表笔接的是基极 b；若在测试时不论红黑表笔怎样交换，都找不到上述两种情况，则说明管子已坏。在基极已经判断出来的情况下，再来判断集电极 c 和发射极 e。若测得该管子为 NPN 型，在 c、e 两脚中任选一脚假定为 e 极，将黑表笔接在上面，然后用湿手指捏住 b、c 两极，将红表笔接在 c 极（但不可使 b、c 两脚直接接触），读出阻值，然后将红黑表笔对调，进行第二次测试。若第一次数值小，则说明原先假定是正确的，即红表笔接的是集电极 c。若测得该管子为 PNP 型，在 c、e 两脚中任选一脚假定为 e 极，将红表笔接在上面，然后用湿手指捏住 b、c 两极，将黑表笔接在 c 极（但不可使 b、c 两脚直接接触），读出阻值，然后将红黑表笔对调，进行第二次测试。若第一次数值小，则说明假定是正确的，即红表笔搭的是发射极 e。

3.6.3　实验仪器设备

做实验时请仔细观察各仪器的面板，了解各开关、旋钮的作用，并把所需仪器设备型号规格填入表 3-21。

表 3-21　实验仪器设备

序号	名　　称	型 号 规 格	数量
1	直流稳压电源		1 台
2	示波器		1 台
3	函数信号发生器		1 台
4	交流毫伏表		1 台
5	数字万用表		1 只
6	直流毫安表		1 只
7	实验板		1 块

3.6.4　预习报告

（1）本实验的直流电压为_____ V。实验线路是由_____型晶体管组成的交流电压放大电路,线路的 U_{CC} 端应接到稳压源的_____极上,线路的接地端应接到稳压源的_____极上。

（2）直流电流表用来测量_____。选择_____量程(2mA/10mA)。电流表的正端与电源的_____连接,电流表的负端与_____连接。

（3）测量放大器的静态电压(U_{CE}、U_B、U_{BE})选用_____表的_____挡(交流/直流)。若集电极电阻 $R_C = 4.3\mathrm{k}\Omega$,调节_____使 I_C 等于 1mA。$U_{CE} = $_____ V,$U_B = $_____ V,$U_{BE} = $_____ V。设 $\beta = 80$,则 $I_B = $_____,此时晶体管处于_____工作状态(放大/饱和/截止),当电位器 R_W 调到最小时,晶体管处于_____工作状态,$I_C \approx $_____ mA,$U_{CE} \approx $_____ V,$U_B = $_____ V,$U_{BE} = $_____ V。当电位器 R_W 调到最大时,晶体管处于_____工作状态,$I_C \approx $_____ mA,$U_{CE} \approx $_____ V,$U_B = $_____ V,$U_{BE} = $_____ V。

（4）测量放大器的输入输出信号应选用_____表。放大器的空载电压放大倍数比带负载的电压放大倍数_____。

（5）在晶体管处于放大状态时,静态电流 I_C 增大,电压放大倍数将_____。

（6）在测量放大器的电压放大倍数时,应先测出放大器的输出信号,此时示波器观察到的输出信号应该_____(失真/不失真)。若失真,原因可能为①_____；②_____。要消除失真可以①_____；②_____。

（7）使用毫伏表测量毫伏级电压时,必须在毫伏表输入端与被测信号联接_____(前/后),才能把"量程选择"开关旋到相应的低电压挡。测量完毕后,应把"量程选择"开关旋到_____(3V 以上挡/保持原挡),才可以把电压表的输入端断开,否则会损坏仪表。

（8）预习示波器、函数信号发生器、交流毫伏表、直流稳压电源等仪器的使用。

3.6.5　实验内容

1. 判断三极管的型号和引脚极性

用数字式万用表判别 3DG6(或 9012 或 9013)三极管的型号和引脚的极性,其外形与引脚见图 3-26。试说明所测管是_____管型的三极管。1 脚是_____极,2 脚是_____极,3 脚是_____极。

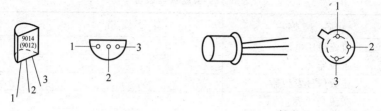

(a) 9013(或9012)外形和引脚图　　　　　(b) 3DG6外形和引脚图

图 3-26　9013(或 9012)、3DG6 外形和引脚图

2．测量静态工作点

选取集电极电阻 $R_C=4.3\text{k}\Omega$，实验电路按图 3-25 接线，输入端短路($u_i=0$)，测量三极管 3 个引脚的电压 U_B、U_E、U_C 和集电极电流 I_C，并根据测到的电压值来计算 U_{BE} 和 U_{CE}，并据此判断三极管的工作状态。完成表 3-22 中的内容。

表 3-22　测量静态工作点的测量

参数 条件	U_B /V	U_E /V	U_C /V	I_C /mA	计算		晶体管工作状态 （截止/放大/饱和）
					U_{BE}	U_{CE}	
R_W最小							
R_W适中				1mA			
R_W最大							

3．研究集电极电阻 R_C、负载电阻 R_L 对电压放大倍数的影响

按图 3-27 接线。注意：示波器、信号发生器、晶体管毫伏表的接地端(黑夹子)应与实验板的地端连接，以免工频干扰。

取 $I_C=1\text{mA}$，输入信号 $f=5\text{kHz}$，$u_i=5\text{mV}$(有效值)，完成表 3-23 中的内容。

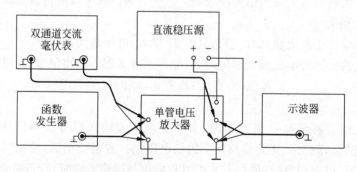

图 3-27　仪器设备相互联接示意图

表 3-23　集电极电阻 R_C、负载电阻 R_L 对电压放大倍数的影响

R_L	R_C	u_i	u_o	$A_u=u_o/u_i$
不接	2 kΩ			
不接	4.3kΩ			
5.1kΩ	4.3kΩ			

4．研究静态工作点对放大器工作性能的影响

（1）改变静态工作点，在保证输出信号不失真的前提下，观察放大器的电压放大倍数的变化情况，取输入信号 $f=5\text{kHz}$，$u_i=5\text{mV}$（有效值）不变，R_L 不接，$R_C=4.3\text{k}\Omega$，完成表 3-24 中的内容。

表 3-24　静态工作点对放大器工作性能的影响

I_C/mA	0.3	0.5	0.8	1	1.2
u_o/mV					
$A_u=u_o/u_i$					

（2）观察改变静态工作点对输出电压波形的影响。取输入信号 $f=5\text{kHz}$，$u_i=15\text{mV}$（有效值），R_L 不接，$R_C=4.3\text{k}\Omega$，用示波器观察 u_o 的变化。改变静态工作点，直到输出电压波形失真。把观察到的波形绘制在表 3-25 中，并判断失真波形的性质。若截止失真不明显，允许采用逐步增大 u_i 的方法使放大器的输出电压产生明显的截止失真。

表 3-25　静态工作点对输出电压波形的影响

条　件	R_W适中，$I_C=1\text{mA}$	R_W阻值最大	R_W阻值最小
输出波形	u_o O ωt	u_o O ωt	u_o O ωt
晶体管工作状态 （截止/放大/饱和）			

3.6.6　实验总结

（1）总结调整及测量静态工作点的方法。

（2）简述静态工作点对放大倍数和输出波形的影响。

（3）说明 R_C 和 R_L 对放大倍数的影响。

3.7　直流稳压电源

3.7.1　实验目的

（1）学习用数字万用表判断二极管的好坏与极性。

（2）掌握桥式整流电路的工作原理。

（3）观察几种常用滤波器的效果。

（4）掌握集成稳压器的工作原理和使用方法。

3.7.2　实验原理

1．整流、滤波和稳压的基本原理

半导体二极管具有单向导电特性，可以构成整流电路，将单相交流电整流成单方向

脉动的直流电。假设整流二极管与变压器均为理想元件,对于无滤波电路的单相全波整流电路,输出直流电压是:$U_L = 0.9U_2$(电路图如表 3-27 中第 1 个电路所示)。在整流电路之后,通过电容、电感或阻容元件组成的滤波电路,能将脉动的直流电变成平滑的直流电。

整流电路的主要性能指标为输出直流电压 U_L 和纹波系数 γ,电容滤波条件下 $U_L \approx 1.2U_2$(电路图如表 3-27 中第 2 个电路所示)。纹波系数 γ 用来表征整流电路输出电压的脉动程度,定义为输出电压中交流分量有效值 $\tilde{U}_L$(又称纹波电压)与输出电压平均值 U_L 之比,即 $\gamma = \tilde{U}_L / U_L$。显然,$\gamma$ 值越小越好。

从以上分析可知,当交流电源电压或负载电流变化时,整流滤波电路所输出的直流电压不能保持稳定。为了获得稳定的直流输出电压,在整流滤波电路后需加稳压电路。直流稳压电源由电源变压器、整流滤波电路和稳压电路组成。

本实验采用集成稳压器,它与由分立元件组成的稳压电路相比,具有外接线路简单、使用方便、体积小、工作可靠等优点。

如图 3-28 所示为三端式正集成稳压器 CW78×× 系列的外形和引脚,它有 3 个引出端:1 为输入端;2 为公共端;3 为输出端。型号中"××"给出了稳压值,如 CW7812 表示输出稳压值为 +12V,它的输出电流为 1.5A(加散热器),输出电阻为 0.03Ω,输入电压范围为 15~35V。

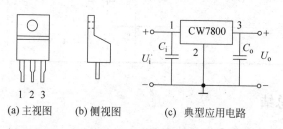

(a) 主视图　　　(b) 侧视图　　　(c) 典型应用电路

图 3-28　三端式正集成稳压器的外形和引脚

稳压电源的主要性能指标为输出电压调节范围,输出电阻 R 和稳压系数 S。本实验输出直流电压固定在 +12V,不能调节。

输出电阻 R 定义为当输入交流电压 U_2 保持不变,由于负载变化而引起的输出电压变化量 ΔU_L 与输出电流变化量 ΔI_L 之比,即

$$R = \frac{\Delta U_L}{\Delta I_L}$$

稳压系数 S 定义为当负载保持不变,输入交流电压从额定值变化 ±10%,输出电压的相对变化量 ΔU_L 与输入交流电压相对变化量 ΔU_2 之比。即

$$S = \frac{\Delta U_L}{\Delta U_2}$$

显然,R 及 S 越小,输出电压越稳定。

本实验中,负载电阻可改变 3 挡,即 ∞、360Ω、180Ω,输入交流电压的改变可通过调节自耦变压器来实现。实验线路图如图 3-29 所示。

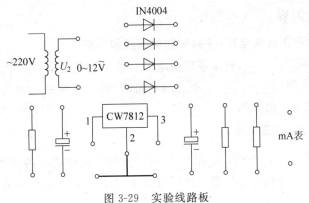

图 3-29　实验线路板

2.二极管正反向电阻的测试方法

在检修晶体管电路或使用二极管时,经常要判别二极管的好坏和极性。由于一个好的二极管正向电阻小,反向电阻大,所以我们可用数字万用表的欧姆挡来判断二极管的好坏与极性。万用表的红黑表笔分别搭在一个独立的二极管的两端。若此时测得的电阻小,再将红黑表笔对调后测得的电阻较大,说明该管单向导电性好。若测得正、反向电阻都较小,说明 PN 结已击穿损坏;若正反向电阻都很大,说明 PN 结已烧断损坏。在判断出二极管完好的情况下,当测得正向电阻时(阻值较小),二极管接红表笔的一端为阳极,接黑表笔的一端为阴极。

3.7.3　实验仪器设备

做实验时请仔细观察各仪器的面板、开关、旋钮的作用,所需仪器设备型号规格见表 3-26。

表 3-26　实验仪器设备

序号	名　　称	型 号 规 格	数量	备注
1	双踪示波器	GOS-6021	1 台	
2	数字万用表	GDM8135	1 台	
3	双通道交流毫伏表	DF2170A	1 台	
4	电源变压器实验板		1 块	
5	数电模电实验箱		1 台	

3.7.4　预习要求

(1) 复习教材中有关稳压电源的章节。

(2) 复习数字万用表、双通道示波器、双通道交流毫伏表的使用方法。

(3) 说明 U_2、U_L、$\tilde{U}_L$ 的物理意义,从表 3-26 中选择相应的测量仪表。

(4) 在桥式整流电路中,若某个整流二极管分别发生开路、短路或反接等情况时,电路将分别发生什么问题?

(5) 如果负载短路会发生什么问题?

3.7.5 实验内容

1. 测量二极管的正反向电阻,并判别它的阳极和阴极

二极管的型号为_____,测量正反向电阻时数字万用表的挡位为_____,正向电阻为_____,反向电阻为_____。测正向电阻时,黑表笔搭的一端为二极管的_____极,红表笔搭的一端为二极管的_____极。

2. 单相桥式整流、滤波电路

选择电源变压器 $0 \sim 12\ \tilde{V}$ 挡,按表 3-27 所给出的各电路的连接方式,调节实验台左外侧自耦变压器的调节手柄,使电源变压器副边 B_2 的电压 $U_2 = 13.5V$,负载电阻 $R_L = 360\Omega$,完成表 3-27 中各项的测量、计算,并绘出波形图。

注意:

(1) 每次改接线路时,必须切断电源。

(2) 整个实验过程中,在观察负载电压 U_L 波形时,示波器的 Y 轴衰减开关和微调旋钮在第 1 次调整好后不要再变动,以便对各波形进行比较。

表 3-27 $(R_L = 360\Omega, U_2 = 13.5V)$ 桥式整流、滤波电路

电 路 图	测量结果			计算值
	U_L/V	$\tilde{U}_L/V$	U_L 波形	γ
u_2 R_L U_L				
u_2 100μF R_L U_L				
u_2 470μF R_L U_L				

3. 直流稳压电源

(1) 保持电源变压器 B_2 的副边电压 $U_2 = 13.5V$ 不变,按图 3-30 连接电路,改变 R_L,完成表 3-28 中各项的测量。

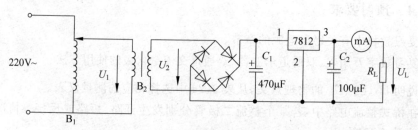

图 3-30 直流稳压电源原理图

表 3-28 　$(U_2 = 13.5\text{V})$ 直流稳压电源

负载	测量结果			输出电阻
R/Ω	U_L/V	$\widetilde{U}_\text{L}/\text{mV}$	I_L/mA	$R = \dfrac{\Delta U_\text{L}}{\Delta I_\text{L}}$
∞				
360				
180				

（2）取负载电阻 $R_\text{L} = 180\Omega$ 不变。改变 U_2（调节自耦变压器），完成表 3-29 中各项的测量。

表 3-29 　$(R_\text{L} = 180\Omega)$ 直流稳压电源

电源 U_2/V	测量结果		稳压系数
	U_L/V	$\widetilde{U}_\text{L}/\text{mV}$	$S = \dfrac{\Delta U_\text{L}}{\Delta U_2}$
12			
13.5			
14.5			

3.7.6　实验总结

（1）根据表 3-27 的结果，讨论单相桥式整流电路输出电压平均值 U_L 和输入交流电压有效值 U_2 之间的数量关系。

（2）根据表 3-27 的结果，总结不同滤波电路的滤波效果。

（3）根据表 3-28 和表 3-29 的结果，分析集成稳压器的稳压性能。

3.7.7　注意事项

（1）实验前，自耦变压器的旋柄应调在电压最小位置，切勿把电源变压器 B_2 的原边和副边接反。

（2）实验过程中应防止电源变压器输出端（U_2 处）短路，以免损坏自耦变压器和电源变压器。

（3）注意不要使负载短路，以免损坏整流元件和三端集成稳压器。

3.8　集成运算放大器

3.8.1　实验目的

（1）了解集成运算放大器的引脚排列及其功能。

（2）掌握运算放大器的线性应用——几种基本运算电路。

（3）了解运算放大器的非线性应用。

3.8.2　实验原理简述

集成运算放大器是一种高增益、高输入电阻的直流放大器，由于内部线路的输入级一般都为复合差动放大器，故输入端有同相输入端和反相输入端之分。运算放大器的图形符号如图 3-31 所示。在使用时首先应根据其型号查阅参数，了解它的性能和各引脚的配置情况,然后设计电路。本实验采用 μA741 型集成运放,其引脚配置如图 3-32 所示。

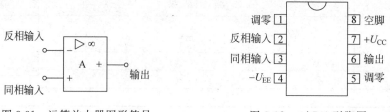

图 3-31　运算放大器图形符号　　　　　图 3-32　μA741 引脚图

由于集成运算放大器具有高增益、高输入电阻的特点,它组成运算电路时,必须工作在深度负反馈状态,此时输出电压与输入电压的关系取决于反馈电路的结构与参数。因此,我们可以把它与不同的外部电路连接,实现比例、加法、减法、积分、微分等数学运算。

1. 反相比例运算

如图 3-33 所示为反相比例运算电路,输入电压 u_i 通过电阻 R_1 加在反相输入端,输出电压 u_o 与 u_i 反相。同时 u_o 通过反馈电阻 R_F 送到反相输入端,组成电压并联负反馈电路。该电路的输出电压 u_o 与输入电压 u_i 的关系由 $u_o/u_i = -R_F/R_1$,得 $u_o = -u_i \times R_F/R_1$,即 u_o 等于 u_i 乘以比例系数 $-R_F/R_1$,改变 R_F 与 R_1 的大小便可改变比例系数。

在电路的设计过程中,为了提高运算放大器的运算精度,要求运算放大器的两个输入端的直流电阻保持平衡。因此,同相输入端应接入补偿电阻 R_2,其数值等于反相端的输入电阻与反馈电阻的并联值,即 $R_2 = R_F//R_1$。

2. 同相比例运算

同相比例运算电路如图 3-34 所示,根据运算放大器的特点,可得 $u_N = u_P = u_i$,且 $u_N = \dfrac{R_1}{R_1 + R_F} \cdot u_o$,故该电路的输出电压 u_o 与输入电压 u_i 的关系为

$$u_o = \frac{R_1 + R_F}{R_1} \cdot u_i = \left(1 + \frac{R_F}{R_1}\right) \cdot u_i$$

电阻 R_2 的取值为:$R_2 = R_1//R_F$。

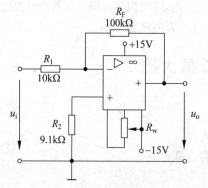

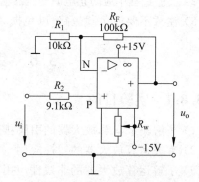

图 3-33　反相比例运算电路图　　　　　图 3-34　同相比例运算电路图

3. 反相加法运算

在反相比例运算电路中加上数个输入信号,就构成了反相加法运算电路,电路如图 3-35 所示。同样根据运算放大器的特点,可得该电路的输出电压 u_o 与输入电压 u_i 的关系为

$$u_o = -\left(\frac{R_F}{R_1}u_{i1} + \frac{R_F}{R_2}u_{i2}\right)$$

补偿电阻 R_3 的值应为 $R_3 = R_1 // R_2 // R_F$。

4. 减法运算

如果把输入信号 u_{i1} 通过电阻 R_1 加在反相输入端，u_{i2} 通过 R_2、R_3 分压加在同相输入端，反馈电路接法与反相比例运算电路相同，就构成了减法运算电路，如图 3-36 所示。该电路的输出电压 u_o 与输入电压 u_i 的关系为

$$u_o = \left(1 + \frac{R_F}{R_1}\right)\left(\frac{R_3}{R_2 + R_3}\right)u_{i2} - \frac{R_F}{R_1}u_{i1}$$

即 u_{i1}、u_{i2} 各乘以比例系数后相减，比例系数的大小同样由外部电路参数决定。电阻的取值要求满足：$R_1 // R_F = R_2 // R_3$。

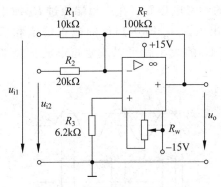

图 3-35 反相加法运算电路图

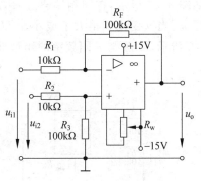

图 3-36 减法运算电路图

5. 积分运算

将反相比例运算电路的反馈电阻换成电容就构成了积分运算电路，如图 3-37 所示，该电路的输出电压 u_o 与输入电压 u_i 的关系为

$$u_o = -\frac{1}{RC}\int u_i \cdot \mathrm{d}t$$

当输入电压 u_i 为固定值时，输出电压 u_o 为

$$u_o = -\frac{1}{RC}u_i t$$

即输出电压按一定的比例随时间作线性变化，实现积分运算。可以推算，当 u_i 为矩形波时，u_o 便为三角波，它是矩形波电压经积分的结果，如图 3-38 所示。

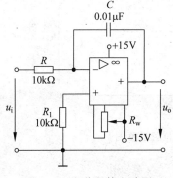

图 3-37 积分运算电路图

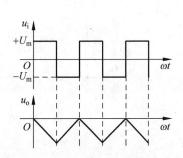

图 3-38 积分电路的输入与输出波形

实际上由于运算放大器内部参数不可能做到完全对称,以至于在进行以上各种运算时,当输入信号为零时,输出信号可能并不为零。为此,接好运算电路后(闭环电路),首先要调零,即当输入信号为零时(接地),调节调零电位器 R_w,使输出信号为零,再加入信号进行运算。

另外,运算放大器的最大输出电压是有一定限制的,如 μA741 的最大输出电压为 $\pm 12V \sim \pm 14V$。所以在进行比例、加法、减法运算时,输入电压 u_i 的取值大小并非是任意的,而是应该把取好后的信号电压 u_i 的数值代入以上运算公式进行计算,运算后的结果 u_o 不得大于运算放大器的最大输出电压,否则该运算是毫无意义的。

6. 电压比较器

运算放大器如果不接负反馈,即开环应用,就构成了电压比较器,当 $u_+ - u_- \geqslant 0$ 时,输出电压 u_o 为正饱和值,当 $u_+ - u_- \leqslant 0$ 时,输出电压 u_o 为负饱和值。

如图 3-39 所示,在同相端通过 R_2 加恒定的参考电压 U_R,在反相端通过 R_1 加正弦信号电压 u_i,当 u_i 变化到稍大于或小于 U_R 时,输出电压 u_o 即达到负的或正的饱和值。如图 3-40 所示,u_o 为与 u_i 同频率的矩形波。改变 U_R 的大小就可以改变矩形波正负半周的宽度。

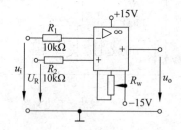

图 3-39　电压比较器电路图

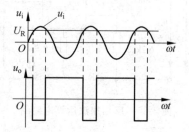

图 3-40　电压比较器输入、输出电压波形

图 3-41 为运算放大器实验电路板线路及各元件的位置示意图。图中的运算放大器及电阻、电容均已安装在实验板上。"。"表示香蕉插孔,可以按照实验内容的要求连接线路。

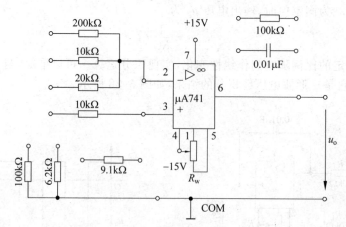

图 3-41　运放实验电路板位置示意图

3.8.3 实验仪器设备

实验仪器设备见表 3-30。

表 3-30 实验仪器设备

序号	名　称	型号规格	数量	备注
1	示波器	GOS-6021	1 台	
2	函数发生器	DF1641C	1 台	
3	数字万用表	GDM8135	1 只	
4	数电模电实验箱		1 只	

3.8.4 预习要求

(1) 查阅资料,了解集成电路 μA741 的主要技术参数。

(2) 集成运算放大器实际上是一个增益极大,输入电阻极高的_____。它组成运算电路时必须工作在_____状态,此时输出电压与输入电压的关系取决于_____。

(3) 反相比例运算电路输出电压与输入电压的关系为_____。若电路各元件的参数如图 3-33 所示,比例系数为_____。如图 3-35 所示的反相加法运算电路 $u_o=$_____。减法运算电路如图 3-36 所示,$u_o=$_____。

(4) 由于运算放大器的内部参数不可能完全对称,以至于当输入信号为零时,输出信号_____。为此设置了_____。电路调零时应将线路接成_____(开环/闭环),输入端接_____。调节_____使输出电压为零。

(5) 进行如图 3-35 所示的反相加法运算实验,你将怎样在实验板上接线?试在图 3-41 中画出。反相比例、减法运算的电路又将怎样实现?

(6) 试写出进行反相加法运算实验的步骤。

(7) 将反相比例运算电路的反馈电阻 R_F 换成电容器,则组成_____,该电路的输出电压 $u_o=$_____。当 u_i 为矩形波时,u_o 为_____波形。

(8) 若运算放大器不接负反馈,可构成_____电路。同相输入端接零,反相输入端接正弦信号,输出电压为_____波形。

(9) 实验板电源为_____ V、_____ V。其中一组电源正极接实验板的_____端,负极接实验板的_____端,另一组正极接_____端,负极接实验板的_____端。

3.8.5 实验内容

1. 反相比例运算

按反相比例运算电路图 3-33 在实验板中接线,确认接线无误后接通 ±15V 电源。首先调零,将电路的输入端 u_i 接地,用万用表直流电压 200mV 挡测量输出电压 u_o,同时调节调零电阻 R_w 直至输出电压 $u_o \leqslant 10$mV。调零后,输入端加入直流信号 u_i(DC SIGN),完成表 3-31 中的各项内容。

表 3-31　反相比例运算

u_i/V	−1.0	−0.5	0	0.5	1.0
u_o/V					
$A_F = u_o/u_i$					

2. 同相比例运算

按同相比例运算电路图 3-34 在实验板中接线,接通电源,调零后完成表 3-32 中的各项内容。

表 3-32　同相比例运算

u_i/V	−1.0	−0.5	0	0.5	1.0
u_o/V					
$A_F = u_o/u_i$					

3. 反相加法运算

按图 3-35 接线,接通电源,调零后完成表 3-33 中的各项内容。

表 3-33　反相加法运算

u_{i1}/V	−0.6	−0.4	−0.2	0	0.5
u_{i2}/V	−1.0	−0.5	0	0.5	1.0
u_o/V					

4. 减法运算

按图 3-36 接线,接通电源,调零后完成表 3-34 中的各项内容。

表 3-34　减法运算

u_{i1}/V	−0.6	−0.4	−0.2	0	0.5
u_{i2}/V	−1.0	−0.5	0	0.5	1.0
u_o/V					

5. 积分运算

按图 3-37 接线,输入端接入 $f=150\text{Hz}$、$U_{P\text{-}P}=1V$ 的方波信号,用示波器分别观察输入信号 u_i 和输出信号 u_o 的波形,并绘图在图 3-42 中。

6. 电压比较器的工作情况

按图 3-39 接线,比较器的两个输入端分别接入直流电压 U_R(U_R 值见表 3-35)和正弦信号 u_i($f=150\text{Hz}$,有效值 1V)。用示波器观察 u_o 的波形,并记入表 3-35 中。

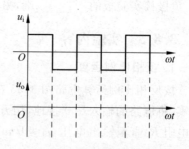

图 3-42　积分运算电路输入信号 u_i 和输出信号 u_o 的波形

表 3-35 电压比较器输入输出波形

U_R/V	-0.5	0	$+0.5$
u_i 的波形	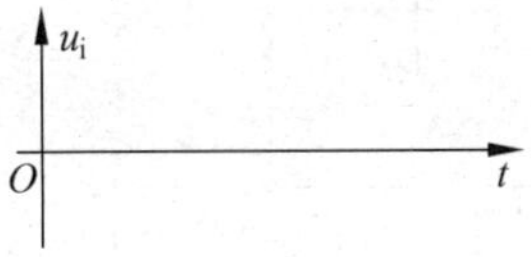	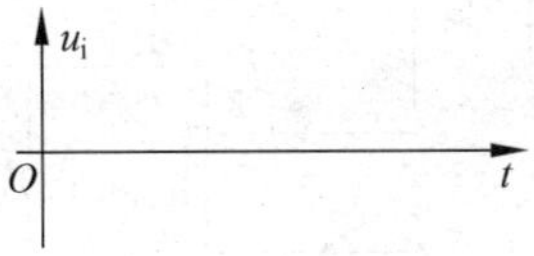	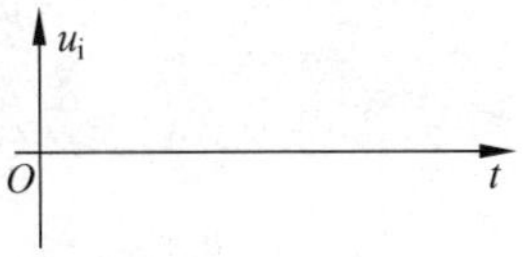
u_i 接反相端时 u_o 的波形	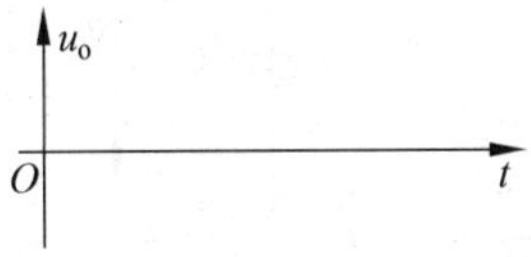	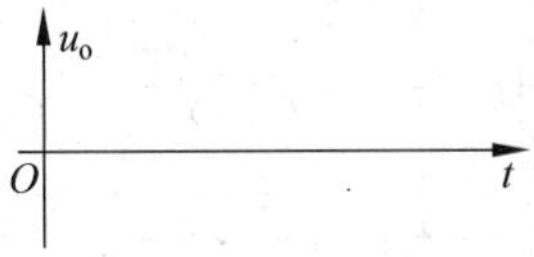	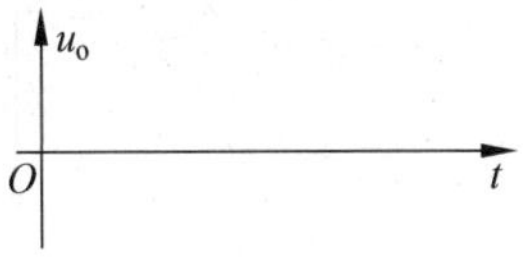
u_i 接同相端时 u_o 的波形	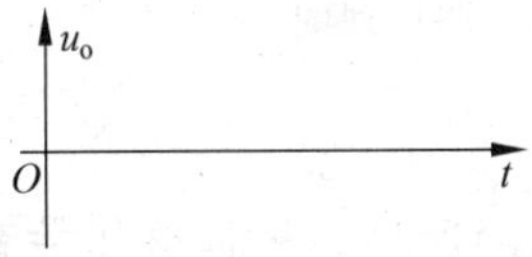	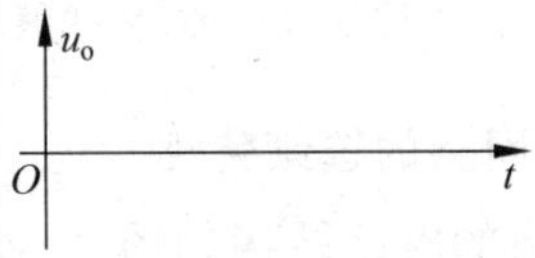	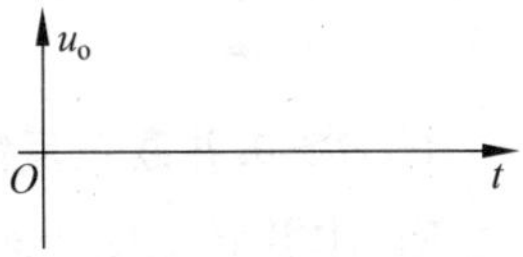

3.8.6 实验总结

(1) 根据各项运算的实验数据,与理论值作比较,进行误差分析。

(2) 简述调零的必要性和方法。

(3) 试分析表 3-35 所得到的波形。

3.8.7 注意事项

(1) 两组电源极性不能接错。

(2) 本实验中,必须按各图中标示的参考方向测量电压值。

3.9 RC 正弦波振荡器的研究

3.9.1 实验目的

(1) 熟悉桥式 RC 正弦波振荡器的组成和工作原理。

(2) 验证振荡的幅值条件。

(3) 了解 RC 选频电路的选频特性。

3.9.2 实验原理简述

正弦波振荡电路是一种将直流电能转换成交流电能的电路,它能产生一定频率和幅值的交流信号,一般由放大、正反馈、选频 3 个基本部分组成。根据选频电路的不同,常见的有 RC 正弦波振荡电路和 LC 正弦波振荡电路。一般在 200kHz 以下多采用 RC 振荡电路,本实验的原理图如图 3-43 所示。

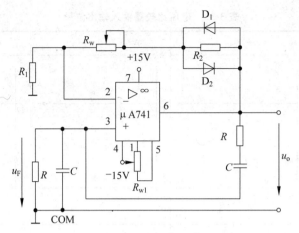

图 3-43　RC 桥式振荡电路原理图

1. RC 串并联正反馈网络的选频特性

RC 串并联正反馈网络的电路结构如图 3-44(a)所示。根据分压关系可得正反馈网络的反馈系数 F_u 的表达式

$$F_u = \frac{\dot{U}_F}{\dot{U}_i} = \frac{Z_2}{Z_1 + Z_2} = \frac{R // \frac{1}{j\omega C}}{R + \frac{1}{j\omega C} + R // \frac{1}{j\omega C}} = \frac{1}{3 + j\left(\frac{\omega}{\omega_0} - \frac{\omega_0}{\omega}\right)} \quad (\text{令 } \omega_0 = 1/RC)$$

由上式可得 RC 串并联正反馈网络幅频特性和相频特性的表达式为

$$|F_u| = \frac{1}{\sqrt{3^2 + \left(\frac{\omega}{\omega_0} - \frac{\omega_0}{\omega}\right)^2}}$$

$$\varphi = -\arctan\frac{\frac{\omega}{\omega_0} - \frac{\omega_0}{\omega}}{3}$$

它们对应的曲线图如图 3-44(b)、(c)所示。由曲线图可知,当 $\omega = \omega_0$ 时,正反馈系数 F_u 最大为 1/3,且反馈信号 $\dot{U}_F$ 与输入信号 $\dot{U}_i$ 同相位,即 $\varphi = 0$。如图 3-43 知 RC 选频网络的输入电压 $\dot{U}_i$ 也就是 RC 桥式振荡电路的输出电压 $\dot{U}_o$,故反馈信号 $\dot{U}_F$ 与输出信号 $\dot{U}_o$ 同相,满足振荡条件中的相位平衡条件。此时电路产生谐振,$\omega = \omega_0 = 1/RC$,即谐振频率 f_0 为

$$f_0 = \frac{1}{2\pi RC}$$

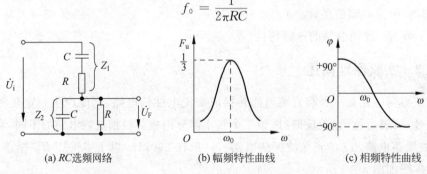

(a) RC选频网络　　　　(b) 幅频特性曲线　　　　(c) 相频特性曲线

图 3-44　RC 串并联选频电路

2．带稳幅环节的负反馈支路

要使电路维持稳幅振荡，除上述分析的满足相位平衡条件外，还必须满足幅值平衡条件 $A_u \cdot |F_u| = 1$，由上述可知 $|F_u| \leqslant 1/3$，稳定振荡时 $|F_u| = 1/3$，故 $A_u = 3$。为起振方便，一般 A_u 应略大于3。图3-43所示电路中，同相比例运算放大器的放大倍数为 $A_u = 1 + \dfrac{R_F}{R_1} \geqslant 3$，故 $\dfrac{R_F}{R_1} \geqslant 2$。其中 $R_F = R_w + R_2$，因此电路中必须引入负反馈来降低电压放大倍数，从而改善输出信号波形的失真情况。电路中由电位器 R_w 和 R_1、R_2 组成电压串联负反馈支路，调节 R_w 的大小即可改变负反馈的强弱。如负反馈太强，放大器的电压放大倍数小于3倍，不能维持振荡；负反馈太弱，放大器的电压放大倍数过大，会引起波形失真。为了使输出波形不失真且容易起振，在负反馈支路中接入非线性元件来自动调节负反馈量，在电阻 R_2 的两端并联了二极管 D_1、D_2，以实现自动稳幅作用，其稳幅原理可以从分析二极管的伏安特性曲线得到解答。

3.9.3 实验仪器设备

做实验时，根据表3-36仔细观察各仪器的面板，了解各开关、旋钮的作用。

表3-36 实验仪器设备

序号	名 称	型 号 规 格	数量	备注
1	示波器	GOS-6021	1台	
2	双通道交流毫伏表	DF2170	1台	
3	实验箱	SBL	1块	
4	数字万用表	GDM8135	1只	

3.9.4 预习要求

（1）RC 振荡电路由_____、_____、_____三部分组成。

（2）图3-45为本实验的实验电路板的元件布置图。若选取选频网络的元件参数为 $R = 15\mathrm{k}\Omega$，$C = 0.02\mu\mathrm{F}$。把选频电路与放大器联接起来，试在图中画出连线。

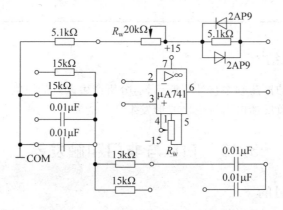

图3-45 RC 正弦波振荡器实验电路图

（3）选频电路的输入电压是_____,输出电压是_____,要满足自激振荡的相位条件,反馈电压 u_F 的相位和放大电路输入电压 u_i 的相位_____,以形成_____反馈。

（4）选频电路的输出电压的大小是输入电压的_____。需满足自激振荡的幅值条件,必须使放大电路的电压放大倍数 $A_u \geqslant$ _____。

（5）在振荡电路完好,接线正确的情况下,用示波器观察振荡电路的输出波形。若输出波形出现失真情况,这是因为_____,应调节_____使输出波形正常。若振荡电路无输出,这是因为_____,应调节_____使振荡电路自激振荡。

（6）计算表 3-37 中的振荡频率,并填入表中。

3.9.5　实验步骤

（1）按表 3-37 中的 RC 取值,接好实验电路,用示波器观察波形,调节 R_w,使输出端得到良好的正弦波(不失真),并尽可能使幅度小一些。分别测出振荡频率以及放大器的输入电压、输出电压并计算放大器的放大倍数,完成表 3-37 中的内容。

表 3-37　不同参数时振荡电路的振荡频率、输入电压、输出电压和放大倍数

$R/\text{k}\Omega$	$C/\mu\text{F}$	计算 f_o/Hz	实测 f_o/Hz	u_i/V	u_o/V	A_u
15	0.01					
7.5	0.01					
15	0.02					

（2）观察负反馈对振荡电路性能的影响。选取 $R=15\text{k}\Omega$,$C=0.01\mu\text{F}$,调节 R_w,用示波器观察振荡电路的输出波形,并绘于表 3-38 中。

表 3-38　不同负反馈时振荡电路的输出波形

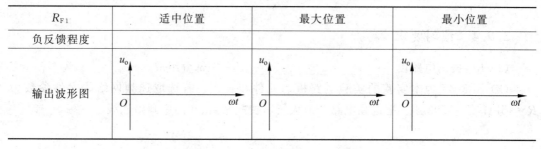

R_{F1}	适中位置	最大位置	最小位置
负反馈程度			
输出波形图			

3.9.6　实验总结

（1）将实验测得的振荡频率与计算值比较,分析产生误差的原因。
（2）分析在改变负反馈电阻时输出波形发生变化的原因。

3.10　TTL 与非门和触发器

3.10.1　实验目的

（1）熟悉 TTL 集成与非门的逻辑功能。
（2）学习用集成与非门组合成其他逻辑门电路的方法。

（3）掌握 JK、D 触发器的逻辑功能及测试方法。

3.10.2 实验原理简述

1. TTL 与非门

门电路是组成逻辑电路的最基本单元，而 TTL 集成与非门是工业上常用的数字集成器件。本实验中采用型号为 74LS00 和 74LS10 两种集成与非元件，元件的引脚排列如图 3-46 所示，74LS00 集成元件内含有 4 组独立的二输入端与非门，74LS10 内含有 3 组独立的三输入端与非门，其公用电源端都为 7 脚和 14 脚，7 脚接地，14 脚接电源 +5V 电压。

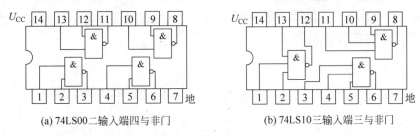

(a) 74LS00 二输入端四与非门   (b) 74LS10 三输入端三与非门

图 3-46 与非门管脚图

描述与非门输入、输出关系的逻辑表达式是 $F=\overline{A \cdot B}$、$F=\overline{A \cdot B \cdot C}$。在正逻辑的前提下（以后实验都采用正逻辑，不再说明），输入端中只要有一个为低电平，输出就为高电平。在实际使用时，事先要对与非门进行简易测试。将集成元件接上 +5V 直流电源，按其真值表分别在其输入端加入高、低电平，用万用表分别测出输出端的电平值，根据测量数据判断与非门的好坏。也可将逻辑电平加入输入端，用发光二极管显示输出端的状态来判断。

利用与非门可以组成其他逻辑门电路，也可以构成具有其他逻辑功能的逻辑电路。如图 3-47 所示（各图的逻辑关系由读者自行证明）。

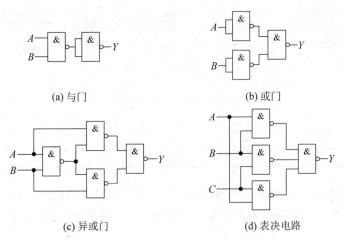

(a) 与门   (b) 或门

(c) 异或门   (d) 表决电路

图 3-47 用"与非门"构成的逻辑电路

2. 触发器

在数字系统中经常需要存储各种数字信息，触发器是具有记忆功能的二进制信息存储器件，它具有两个逻辑互补输出端 Q 和 $\overline{Q}$，当 $Q=1$，$\overline{Q}=0$ 时，称触发器为置位状态（"1"态）；当 $Q=0$，$\overline{Q}=1$ 时，称触发器为复位状态（"0"态）；在无输入信号作用时，能保持其输出不变。只有在一定的输入信号作用下,才可能翻转到另一稳态,并保持这一稳态,直到下一个触发信号使它翻转为止。因此,触发器是一种具有记忆功能的电路。

目前作为产品的时钟控制触发器主要有 JK 触发器、D 触发器,利用它们也可以转换成其他功能的触发器。本实验采用 74LS112 双 JK 触发器和 74LS74 双 D 触发器。

图 3-48 是 JK 触发器的逻辑符号及 74LS112 双 JK 触发器引脚图。JK 触发器的 J、K 二输入端必须在 CP 端时钟脉冲的下降沿作用下,才能把触发器置"1"或置"0"。而 $\overline{R}_D$、$\overline{S}_D$ 二端可以不受时钟状态的限制,预置触发器的状态。$\overline{R}_D$ 称为直接置"0"端,即在 $\overline{R}_D$ 端加入一个负脉冲,触发器即可复位($Q=0$)。$\overline{S}_D$ 称为直接置"1"端,即在 $\overline{S}_D$ 端加入一个负脉冲,触发器即可置位($Q=1$)。当触发器不需要强制置"0"和置"1"时,$\overline{R}_D$、$\overline{S}_D$ 端都应接高电平。JK 触发器的逻辑功能如表 3-39 所示。

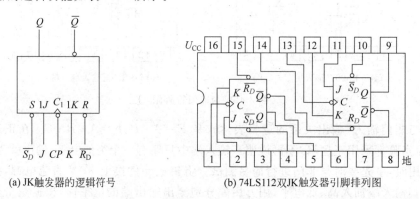

| (a) JK触发器的逻辑符号 | (b) 74LS112双JK触发器引脚排列图 |

图 3-48　JK 触发器的逻辑符号及引脚图

表 3-39　JK 触发器逻辑功能表

输　　入					输　出
$\overline{R}_D$	$\overline{S}_D$	CP	J	K	Q_{n+1}
0	1	$\times$	$\times$	$\times$	0
1	0	$\times$	$\times$	$\times$	1
0	0	$\times$	$\times$	$\times$	不定
1	1	$\downarrow$	0	0	Q_n
1	1	$\downarrow$	0	1	0
1	1	$\downarrow$	1	0	1
1	1	$\downarrow$	1	1	$\overline{Q_n}$
1	1	$\uparrow$	$\times$	$\times$	Q_n

图 3-49 是 D 触发器的逻辑符号和 74LS74 双 D 触发器的引脚图,由于其内部电路采用维持阻塞型结构,74LS74 双 D 触发器在时钟脉冲 CP 上升沿触发翻转,表 3-40 为 D 触发器的逻辑功能表。

若把 $\overline{Q}$ 和 D 端连接起来,就转换为 T′触发器,CP 端每次接收到一个时钟脉冲,触发器就翻转一次,即 $Q_{n+1}=\overline{Q}_n$,具有计数功能。

3.10.3　实验仪器设备

实验仪器设备见表 3-41。

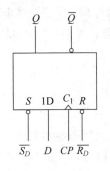

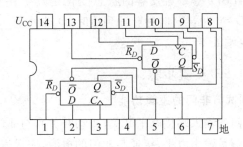

(a) D触发器的逻辑符号　　　　　　(b) 74LS74双D触发器引脚排列图

图 3-49　D 触发器的逻辑符号及引脚图

表 3-40　D 触发器逻辑功能表

输　　　　入				输　出
$\overline{R_D}$	$\overline{S_D}$	CP	D	Q_{n+1}
0	1	$\times$	$\times$	0
1	0	$\times$	$\times$	1
0	0	$\times$	$\times$	不定
1	1	$\uparrow$	0	0
1	1	$\uparrow$	1	1
1	1	$\downarrow$	$\times$	Q_n

表 3-41　实验仪器设备

序号	名　　称	型　　号	数量	备注
1	数字万用表	GDM8135	1 只	
2	数电模电实验箱		1 只	
3	集成与非门	74LS00×2　74LS10×1	共 3 块	
4	集成触发器	74LS74×1　74LS112×1	各 1 块	
6	导线		若干	

3.10.4　预习要求

(1) 了解 74LS00、74LS10 集成与非门和 74LS112、74LS74 集成触发器的引脚排列及其逻辑功能。

(2) 完成下列填空。

① 若与非门有多余不用的输入端,可以_____或_____ 。(悬空/接高电平/接低电平)。

② 在正逻辑中,二进制的"1"代表_____(高/低)电平,"0"代表_____(高/低)电平。

③ 74LS00 型集成电路是具有_____输入端的与非门,脚 7 是_____端,脚 14 是_____端,脚 14 与脚 7 之间的工作电压是_____伏。

④ JK 触发器的状态变化是发生在 CP 时钟脉冲的_____(上升沿/下降沿),当 $J=1$,$K=0$ 时,CP 时钟脉冲作用以后,Q 端处于_____(0/1)状态。当 $J=K=1$ 时,CP 时钟脉冲作用后,Q 端处于 $Q_{n+1}=$_____状态。

⑤ 74LS74 型 D 触发器的状态变化是发生在 CP 时钟脉冲的_____(上升沿/下降沿)。当 $D=0$ 时,CP 时钟脉冲到达时,Q 端处于_____状态;当 $D=1$ 时,CP 时钟脉冲到达时,Q 端处于_____状态。

3.10.5 实验步骤

1. 测试与非门的逻辑功能

与非门的输入端接电平开关(拨动开关),与非门的输出端接状态显示发光二极管,同时用万用表测量输出电平,接通与非门的电源,完成表 3-42 中的内容。

2. 用与非门分别组成与门、或门、异或门,表决电路并测试其逻辑功能

按图 3-47(a)接线,完成表 3-43 内容。

按图 3-47(b)接线,完成表 3-44 内容。

按图 3-47(c)接线,完成表 3-45 内容。

按图 3-47(d)接线,完成表 3-46 内容。

表 3-42　与非门逻辑功能

输入端逻辑状态		输出端 Y	
A	B	逻辑状态	电平/V
0	0		
0	1		
1	0		
1	1		

表 3-43　与门逻辑功能

输入端逻辑状态		输出端
A	B	Y
0	0	
0	1	
1	0	
1	1	

表 3-44　或门逻辑功能

输入端逻辑状态		输出端
A	B	Y
0	0	
0	1	
1	0	
1	1	

表 3-45　异或门逻辑功能

输入端逻辑状态		输出端
A	B	Y
0	0	
0	1	
1	0	
1	1	

表 3-46　表决电路逻辑功能

输入端逻辑状态			输出端
A	B	C	Y
0	0	0	
0	0	1	
0	1	0	
0	1	1	
1	0	0	
1	0	1	
1	1	0	
1	1	1	

3. 测试 JK 触发器的逻辑功能

任选 74LS112 型双 JK 触发器中的一只触发器,将 $\overline{R_D}$、$\overline{S_D}$、J、K 端接电平开关(拨动开关),脉冲输入端 CP 接单次脉冲(SINGLE PULSE ⌐),输出端 Q 接发光二极管显示输出端的状态,接通 5V 电源。按表 3-47 的要求,分别输入"0"或"1",按单次脉冲(按下为脉冲的上升沿"↑",松开为脉冲的下降沿"↓","×"为任意),观察输出端 Q 的状态,同时记于表 3-47 中。

表 3-47 JK 触发器逻辑功能

输　　入					输　　出	
$\overline{S_D}$	$\overline{R_D}$	CP	J	K	Q_n	Q_{n+1}
0	1	×	×	×	×	
1	0	×	×	×	×	
1	1	↓	0	0	0	
1	1	↓			1	
1	1	↓	1	0	0	
1	1	↓			1	
1	1	↓	0	1	0	
1	1	↓			1	
1	1	↓	1	1	0	
1	1	↓			1	

4. 测试 D 触发器的逻辑功能

选 74LS74 型双 D 触发器中任一只触发器,步骤同上,测试 D 触发器的逻辑功能。完成表 3-48。

表 3-48 D 触发器逻辑功能

输　　入				输　　出	
$\overline{S_D}$	$\overline{R_D}$	CP	D	Q_n	Q_{n+1}
0	1	×	×	×	
1	0	×	×	×	
1	1	↑	0	0	
1	1	↑		1	
1	1	↑	1	0	
1	1	↑		1	

3.10.6　实验报告

(1) 根据实验结果,分别写出与非门、与门和或门的逻辑功能。

(2) 根据实验结果,说明表决电路的功能,即多数输入端为"0"态,则输出端为＿＿＿＿态;多数输入端为"1"态,则输出端为＿＿＿＿态。

(3) 比较 JK 触发器、D 触发器的触发方式(是电平触发,还是脉冲触发;上升沿触发,还是下降沿触发)。

（4）若用 D 触发器构成 T′触发器,分析 T′触发器 Q 输出端波形的频率与 CP 端脉冲频率的关系,若 CP 端脉冲频率是 1kHz,则 Q 端波形频率是多少?

3.10.7　注意事项

（1）直流电压 U_{CC} 不得超过 5V。

（2）电源电压极性不能接反。

（3）在接线和改接线路时,应首先切断电源。

3.11　计数、译码和显示

3.11.1　实验目的

（1）了解计数器的工作原理。

（2）学习中规模集成计数器逻辑功能的测试及其使用方法。

（3）了解译码器的基本功能和七段数码显示器的工作原理。

（4）学习用复位法实现计数器不同进制的转换。

3.11.2　实验原理简述

1. 计数器

计数器是数字电路系统中一种基本的部件,它能对脉冲进行计数,以实现数字存储、运算和控制。常用的有二进制计数器、十六进制计数器等,计数器根据计数脉冲引入的方式不同,分为同步计数器和异步计数器。按计数过程中计数器数字增减来分,计数器又可分为加法计数器、减法计数器和可逆计数器等。

本实验采用 74LS193 型同步十六进制可逆计数器,它的引脚排列图如图 3-50 所示。

74LS193 型计数器集成块各脚的功能及操作说明如下。

图 3-50　74LS193 型计数器引脚排列图

1）置"0"（复位或清"0", $Q_D \sim Q_A = 0000$ ）

R_D 端为置"0"输入端（第 14 脚）。当 R_D 端为高电平"1"时,无论计数器的其他输入端是什么状态,计数器中的所有触发器均置"0"（ $Q_D \sim Q_A = 0000$ ）。通常在需要置"0"时,通过在 R_D 端加一个正脉冲来实现。

2）预置数码

$\overline{LD}$ 端为预置数输入控制端（第 11 脚）。 A 、 B 、 C 、 D 端为预置数输入端（分别为 A—15 脚、 B—1 脚、 C—10 脚、 D—9 脚）。

当置"0"端 $R_D = 0$ （无效）,预置数输入控制端 $\overline{LD} = 0$ 时,不管 CP_+ 端和 CP_- 端为何种状态,预置数输入端 A 、 B 、 C 、 D 的信号被置入计数器的 4 个触发器（ $Q_A = a$ 、 $Q_B = b$ 、 $Q_c = c$ 、 $Q_D = d$ ）, $\overline{LD}$ 返回高电平"1"时,置入的数码保存在计数器中。同样,在需要预置数码时,在 $\overline{LD}$ 端加一个负脉冲即可。

3）加法计数

CP_+端为加法计数脉冲输入端（第 5 脚）。当 $R_D=0$，$\overline{LD}=1$ 都无效，$CP_-=1$ 为高电平时，计数脉冲从 CP_+ 端输入，当计数脉冲 CP_+ 上升沿到达时，计数器状态按 8421BCD 码增1 计数，其状态转换图如图 3-51 所示（图中状态表示 $Q_D Q_C Q_B Q_A$）。

$$0000 \rightarrow 0001 \rightarrow 0010 \rightarrow 0011 \rightarrow 0100 \rightarrow 0101 \rightarrow 0110 \rightarrow 0111$$

进位 $\overline{CO}=1$ ↑ ↓

$$1111 \leftarrow 1110 \leftarrow 1101 \leftarrow 1100 \leftarrow 1011 \leftarrow 1010 \leftarrow 1001 \leftarrow 1000$$

图 3-51 74LS193 加法计数器状态转换图

计数器状态为 15 时（即 $Q_D \sim Q_A=1111$），进位输出 $\overline{CO}=0$，下一个 CP_+ 脉冲上升沿到达时计数器回"0"，同时进位输出 $\overline{CO}=1$ 恢复为高电平。波形图如图 3-52 所示。

4）减法计数

CP_-端为减法计数脉冲输入端（第 4 脚）。当 $R_D=0$，$\overline{LD}=1$ 均无效，且 $CP_+=1$ 为高电平时，计数脉冲从 CP_- 端输入，当计数脉冲 CP_- 上升沿到达时，计数器状态按 8421BCD 码减 1 计数，计数器状态转换按图 3-51 作逆方向循环。借位负脉冲在状态由 0000→1111 时形成，即借位输出端 $\overline{BO}$ 输出一个负脉冲，波形如图 3-53 所示。

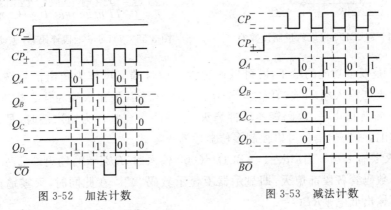

图 3-52 加法计数　　　　图 3-53 减法计数

74LS193 型同步十六进制计数器的逻辑功能如表 3-49 所示。

表 3-49 74LS193 功能表

复位 R_D	允许预置 $\overline{LD}$	加法时钟 CP_+	减法时钟 CP_-	预置数 D	预置数 C	预置数 B	预置数 A	功能
1	×	×	×	×	×	×	×	清"0"
0	0	×	×	d	c	b	a	置数
0	1	↑	1	×	×	×	×	加法计数
0	1	↓	1	×	×	×	×	保持
0	1	1	↑	×	×	×	×	减法计数
0	1	1	↓	×	×	×	×	保持
0	1	1	1	×	×	×	×	保持

在实际使用中会需要某一种进制的计数器，如在数字钟电路中，秒计时、分计时用六十进制计数器，时计时采用二十四进制或十二进制计数器。例如在六十进制计数器中，个位数

和十位数分别实现计数。当个位和十位计数器同时计数到 5、9 时,再来一个脉冲输出端应同时复位为 0,并向高位计数器发出进位脉冲。由于常用的集成计数器是采用 4 位二进制码或 BCD 码进行工作,故必须加接外部电路,使集成计数器按照所要求的进制工作。本实验采用复位法转换计数器进制,利用计数器中的复位功能实现 N 进制。如图 3-54 所示为六进制计数器的接法。

2. 译码、显示

计数器将时钟脉冲个数按 4 位二进制数输出,必须通过译码器把这个二进制数码译成适用于七段数码管显示的代码。

本实验采用 74LS48 型 BCD—七段译码器,其引脚排列如图 3-55 所示。其中 A、B、C、D 端为数码输入端。a、b、c、d、e、f、g 端为输出端,以控制数码管的数码显示。

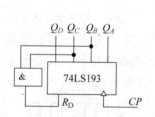

图 3-54　74LS193 构成六进制计数器

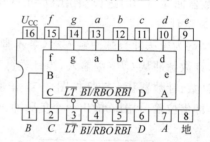

图 3-55　74LS48 七段译码器/驱动器

$\overline{BI}/\overline{RBO}$ 是双重功能的端子,既可以作为输入信号端又可作为输出信号端。当它作为输入端时,为灭灯输入端 $\overline{BI}$ 或消隐端,当 $\overline{BI}=0$ 时,无论其他输入端为什么状态,输出端 a、b、c、d、e、f、g 都为低电平,数码管各段都熄灭,字消隐。当它作为输出端时,是灭零输出信号 $\overline{RBO}$。利用这一输出信号可以控制多位显示器灭零。

$\overline{RBI}$ 为灭零输入端。当 $\overline{LT}=1$,ABCD=0000 输入时,$\overline{RBI}=0$,输出端 a、b、c、d、e、f、g 都为低电平,数码管各段都熄灭,即显示器不显示数码"0"。在此同时,灭零输出端 $\overline{RBO}$ 处于响应状态,输出低电平 $\overline{RBO}=0$。

$\overline{LT}$ 为灯测试输入端。当 $\overline{BI}=1$,$\overline{LT}=0$ 时,无论其他输入端为什么状态,输出端 a、b、c、d、e、f、g 都为高电平,数码管各段都被接通,显示器显示数"8",利用 $\overline{LT}$ 端可以检查显示器是否有故障。

74LS48 译码器的功能表如表 3-50 所示,输出为"1"即为输出高电平,对应段亮。输出为"0"即为输出低电平,对应段灭。

表 3-50　74LS48 功能表

十进数或功能	输　入						$\overline{BI}/\overline{RBO}$	输　出							显示字符
	$\overline{LT}$	$\overline{RBI}$	D	C	B	A		a	b	c	d	e	f	g	
0	1	1	0	0	0	0	1	1	1	1	1	1	1	0	0
1	1	×	0	0	0	1	1	0	1	1	0	0	0	0	1
2	1	×	0	0	1	0	1	1	1	0	1	1	0	1	2
3	1	×	0	0	1	1	1	1	1	1	1	0	0	1	3
4	1	×	0	1	0	0	1	0	1	1	0	0	1	1	4

续表

十进数或功能	输入						$\overline{BI}/RBO$	输出							显示字符
	$\overline{LT}$	$\overline{RBI}$	D	C	B	A		a	b	c	d	e	f	g	
5	1	×	0	1	0	1	1	1	0	1	1	0	1	1	5
6	1	×	0	1	1	0	1	1	0	1	1	1	1	1	6
7	1	×	0	1	1	1	1	1	1	1	0	0	0	0	7
8	1	×	1	0	0	0	1	1	1	1	1	1	1	1	8
9	1	×	1	0	0	1	1	1	1	1	1	0	1	1	9
10	1	×	1	0	1	0	1	0	0	0	1	1	0	1	
11	1	×	1	0	1	1	1	0	0	1	1	0	0	1	
12	1	×	1	1	0	0	1	0	1	0	0	0	0	1	
13	1	×	1	1	0	1	1	1	0	0	1	0	1	1	
14	1	×	1	1	1	0	1	0	0	0	1	1	1	1	
15	1	×	1	1	1	1	1	0	0	0	0	0	0	0	全暗
$\overline{BI}$	×	×	×	×	×	×	0	0	0	0	0	0	0	0	全暗
$\overline{RBI}$	1	0	0	0	0	0	0	0	0	0	0	0	0	0	全暗
$\overline{LT}$	0	×	×	×	×	×	1	1	1	1	1	1	1	1	全亮

常用的显示器有发光二极管(Light Emitting Diode,LED)和液晶显示器(Liquid Crystal Display,LCD)。LED具有体积小、寿命长、工作电压低、可靠性高等优点,并且可以和集成电路配合使用。同一规格的数码管有共阴极和共阳极两种,本实验采用共阴极七段LED数码管,外引线及内部电路结构如图3-56所示。

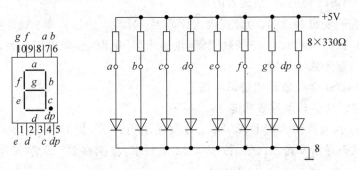

图3-56　共阴极LED数码管

发光二极管的导通电压比一般的二极管高,导通后其两端电阻迅速下降,故使用时要串入限流电阻,以免损坏数码管。

3.11.3　实验仪器设备

实验仪器设备见表3-51。

表 3-51　实验仪器设备

序号	名　称	型　号	数量	备注
1	数字万用表	GDM8135	1 只	
2	数电模电实验箱	SBL	1 只	
3	集成计数器	74LS193	1 块	
4	十进制译码器	74LS48	1 块	
5	集成与非门	74LS00	1 块	

3.11.4　预习要求

(1) 复习有关计数器、译码器、显示器的工作原理,以及 74LS193 型计数器、74LS48 型译码器的逻辑功能及各集成块外引线的排列和操作。

(2) 完成以下自测题。

① 当 74LS193 计数器进行加计数时,R_D 端应接_____(0/1),$\overline{LD}$ 端应接_____(0/1),CP_- 端应接_____(0/1),计数脉冲从_____端输入。

② 当 74LS193 计数器进行减计数时,R_D 端应接_____(0/1),$\overline{LD}$ 端应接_____(0/1),CP_+ 端应接_____(0/1),计数脉冲从_____端输入。

③ 当 74LS48 译码器处于译码状态时,$\overline{BI}$ 端应接_____(0/1),$\overline{LT}$ 端应接_____(0/1),$\overline{RBI}$ 端应接_____(0/1),数码从_____端输入。

(3) 分别用两块 74LS193 计数器设计出六十进制、二十四进制计数器(考虑如何实现向高位进位。实验室另提供两块 74LS00 二输入端四与非门),并画出实际接线图。

3.11.5　实验步骤

(1) 检查 74LS48 译码器、数码管的功能。

将拨码开关的输出(1、2、4、8)分别接入译码器 74LS48 的输入端(A、B、C、D)。译码器 74LS48 的输出(a、b、c、d、e、f、g)接数码管,接通 +5V 电源,拨动拨码开关,观察数码管显示的字符是否与输入数码相同。

(2) 测试 74LS193 计数器的逻辑功能。

① 测试置"0"功能和预置数功能

将 74LS193 预置数输入端 D、C、B、A 分别接逻辑开关,使 DCBA = 1001,输出端 Q_A、Q_B、Q_C、Q_D 接状态显示发光二极管,按表 3-52 的要求,分别在置"0"端(R_D 端)和预置数控制端($\overline{LD}$ 端)加入高、低电平,记录输出端 Q_A、Q_B、Q_C、Q_D 的状态,完成表 3-52 的内容。

表 3-52　计数器的置"0"功能和预置数功能

R_D	$\overline{LD}$	Q_D	Q_C	Q_B	Q_A
0	0				
	1				
1	0				
	1				

② 测试计数功能

将 74LS193 的输出端 Q_A、Q_B、Q_C、Q_D 接状态显示发光二极管,置"0"端 $R_D=0$,预置数控制端 $\overline{LD}=1$,$CP_-=1$,清零后,在 CP_+ 端加入手动单次脉冲,将结果记录在表 3-53 中。

表 3-53 计数器的计数功能

CP	Q_D	Q_C	Q_B	Q_A
0	0	0	0	0
1				
2				
3				
4				
5				
6				
7				
8				
9				
10				
11				
12				
13				
14				
15				
16				

(3) 用复位法将 74LS193 计数器接成六进制,输入单次脉冲,观察输出情况,并利用与非门实现向高位进位。

(4) 用复位法将 74LS193 计数器接成十进制计数器并与译码器相连,观察计数情况。(电路自行设计。)

3.11.6 实验总结

(1) 总结 74LS193 同步计数器的特点。

(2) 在实验室提供与非门的情况下,用复位法将 74LS193 计数器转换成十进制计数器,试画出电路图。

(3) 总结计数器不同进制的转换方法,找出规律。

(4) 整理实验数据。

3.11.7 注意事项

(1) 各集成块的电源 U_{CC} 不得超过 5V,极性不能接反。

(2) 在接线和改接线路时,应切断电源后进行。

(3) 不得擅自拔出集成块。

3.12 步进电机控制电路的研究

3.12.1 实验目的

（1）掌握两相混合式步进电机的运动和控制方式。

（2）掌握步进电机在八拍和四拍状态下控制脉冲时序与正、反转的对应关系。

（3）了解脉冲控制下电机"步进"的概念，了解控制脉冲频率对步进电机转速的影响。

（4）掌握步进电机H桥的控制思路，测试电机线圈电流波形并思考理想电流波形和实测波形的区别和可能产生的原因。

3.12.2 实验原理简述

步进电机是一种将电脉冲信号转换成转角度或转速的执行电动机，它是数字控制系统中的一种重要执行元件，其角位移量与输入电脉冲数成正比，其转速与电脉冲的频率成正比。步进电机一般包括永磁式电机、反应式电机和混合式电机。混合式步进电机集成了永磁式和反应式电机的优点，它具有运行频率高、动态力矩大、波动小、运转平稳、噪声低、定位精度和分辨率高等优点。混合式步进电机根据相数可分为两相、三相和五相电机等，两相电机步进角一般为 $1.8°$，五相电机步进角一般为 $0.72°$。这种步进电机的应用最为普遍，已广泛应用于各种机电一体化设备中。

1. 步进电机控制器的硬件及软件构成

1）硬件设计框图

步进电机控制器的硬件结构框图如图 3-57 所示。

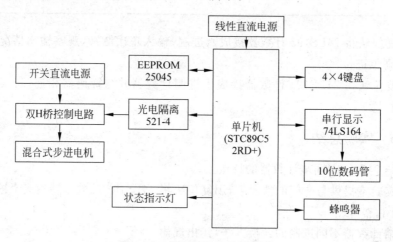

图 3-57　控制器硬件结构框图

2）软件设计框图

步进电机控制器的主要软件流程图如图 3-58 ～图 3-61 所示。

2. H桥电路控制原理以及控制脉冲时序和正、反转的关系

混合式两相步进电机共有两组线圈，分别为 $A\overline{A}$ 和 $B\overline{B}$，每组线圈都可以双向通电，H桥控制电路如图 3-62 所示。

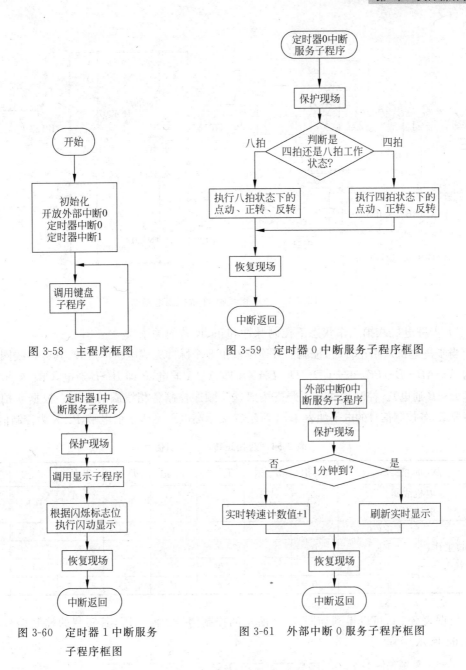

图 3-58　主程序框图

图 3-59　定时器 0 中断服务子程序框图

图 3-60　定时器 1 中断服务
子程序框图

图 3-61　外部中断 0 服务子程序框图

　　图中，T_1 和 T_4 以及 T_2 和 T_3 对角的两个达林顿管是同时工作的，只要分别控制对角的两个达林顿管的导通就可以控制线圈电流的方向，光耦 P521 是为了使控制电路的电源和驱动电路的电源相互隔离，起到抗干扰的作用。在两个控制信号端增加了 3 个具有整形功能的非门，一方面是为了防止系统复位时两路控制信号同时为高电平，从而使同一桥臂上的 T_1 和 T_2（或者 T_3 和 T_4）两个达林顿管同时导通，导致电源短路；另一方面是为了增强控制信号的驱动能力。从电路中看，控制信号 1 是低电平有效时，T_2 和 T_3 对角的两个达林顿管同时导通，线圈中的电流方向是 $\overline{A} \to A$，控制信号 2 是高电平有效时，T_1 和 T_4 对角的两个达林顿管同时导通，线圈中的电流方向是 $A \to \overline{A}$。

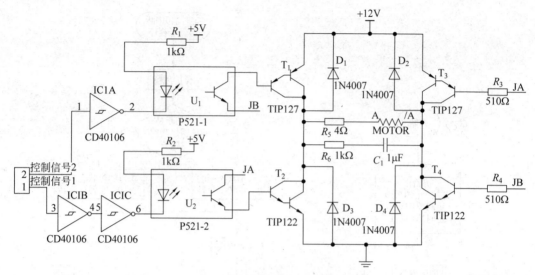

图 3-62　$A\overline{A}$ 相线圈 H 桥控制电路图

1）步进电机八拍工作状态下控制脉冲和正、反转的关系

当步进电机八拍正转时，控制信号连续输出 8 个脉冲完成电机的旋转，其各相线圈通电顺序为 $A-AB-B-BC-C-CD-D-DA$（A 即 $A\rightarrow\overline{A}$ 通电，B 即 $B\rightarrow\overline{B}$ 通电，C 即 $\overline{A}\rightarrow A$ 通电，D 即 $\overline{B}\rightarrow B$ 通电）。控制脉冲必须严格按照这一顺序控制各相线圈的通断。根据 8 拍正转的时序要求，各控制信号的电平如表 3-54 所示（1 表示高电平，0 表示低电平，P1.X 为控制信号 X）。

表 3-54　八拍正转时的控制信号

脉冲拍数		T_1 拍	T_2 拍	T_3 拍	T_4 拍	T_5 拍	T_6 拍	T_7 拍	T_8 拍
电机线圈 电流方向		$A\text{-}\overline{A}$	$A\text{-}\overline{A}$ $B\text{-}\overline{B}$	$B\text{-}\overline{B}$	$\overline{A}\text{-}A$ $B\text{-}\overline{B}$	$\overline{A}\text{-}A$	$\overline{A}\text{-}A$ $\overline{B}\text{-}B$	$\overline{B}\text{-}B$	$A\text{-}\overline{A}$ $\overline{B}\text{-}B$
P 口工作 状态	P1.0	0	0	1	1	1	1	1	0
	P1.1	0	0	0	1	1	1	0	0
	P1.2	1	0	0	0	1	1	1	1
	P1.3	0	0	0	0	0	1	1	1

根据表 3-54，可以得到如图 3-63 所示的控制信号的波形图，其实测的控制信号波形如图 3-64 所示。

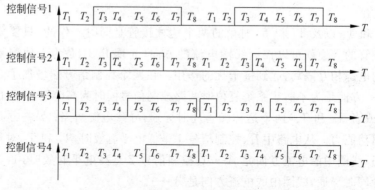

图 3-63　八拍正转时控制信号的波形图

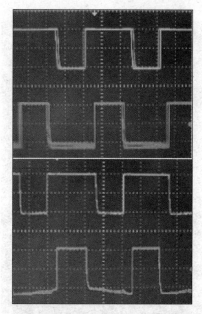

图 3-64　实测的八拍正转时控制信号的波形图

当步进电机八拍反转时,控制信号连续输出 8 个脉冲完成电机的旋转,其各相线圈通电顺序为 $DA-D-CD-C-BC-B-AB-A$(A 即 $A \rightarrow \overline{A}$ 通电,B 即 $B \rightarrow \overline{B}$ 通电,C 即 $\overline{A} \rightarrow A$ 通电,D 即 $\overline{B} \rightarrow B$ 通电)。根据八拍反转的时序要求,各控制信号的电平如表 3-55 所示(1 表示高电平,0 表示低电平,P1. X 为控制信号 X)。

表 3-55　八拍反转时的控制信号

脉冲拍数		T_1 拍	T_2 拍	T_3 拍	T_4 拍	T_5 拍	T_6 拍	T_7 拍	T_8 拍
电机线圈 电流方向		A-$\overline{A}$ $\overline{B}$-B	$\overline{B}$-B	$\overline{A}$-A $\overline{B}$-B	$\overline{A}$-A	$\overline{A}$-A B-$\overline{B}$	B-$\overline{B}$	A-$\overline{A}$ B-$\overline{B}$	A-$\overline{A}$
P 口工作 状态	P1. 1	0	1	1	1	1	1	0	0
	P1. 2	0	0	1	1	1	0	0	0
	P1. 3	1	1	1	1	0	0	0	1
	P1. 4	1	1	1	0	0	0	0	0

根据表 3-55,可以得到控制信号波形如图 3-65 所示,其实测的控制信号波形如图 3-66 所示。

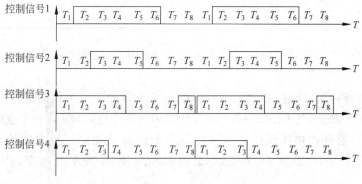

图 3-65　八拍反转时控制信号的波形图

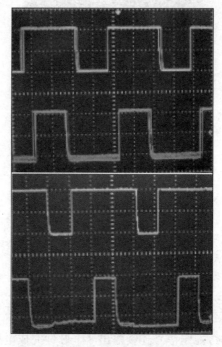

图 3-66 实测的八拍反转时控制信号的波形图

2) 步进电机四拍工作状态下控制脉冲和正、反转的关系

当步进电机四拍正转时,控制信号连续输出 4 个脉冲完成电机的旋转,其各相线圈通电顺序为 $A-B-C-D$ (A 即 $A \rightarrow \overline{A}$ 通电,B 即 $B \rightarrow \overline{B}$ 通电,C 即 $\overline{A} \rightarrow A$ 通电,D 即 $\overline{B} \rightarrow B$ 通电),控制脉冲必须严格按照这一顺序控制各相线圈的通断。根据四拍正转的时序要求,各控制信号的电平如表 3-56 所示(1 表示高电平,0 表示低电平,P1. X 为控制信号 X)。

表 3-56　四拍正转时的控制信号

脉冲拍数		T_1 拍	T_2 拍	T_3 拍	T_4 拍
电机线圈电流方向		$A\text{-}\overline{A}$	$B\text{-}\overline{B}$	$\overline{A}\text{-}A$	$\overline{B}\text{-}B$
P 口工作状态	P1.1	0	1	1	1
	P1.2	0	0	1	0
	P1.3	1	0	1	1
	P1.4	0	0	0	1

根据表 3-56,可以得到控制信号波形如图 3-67 所示,实测的控制信号波形如图 3-68 所示。

当步进电机四拍反转时,控制信号连续输出 4 个脉冲完成电机的旋转,其各相线圈通电顺序为 $D-C-B-A$ (A 即 $A \rightarrow \overline{A}$ 通电,B 即 $B \rightarrow \overline{B}$ 通电,C 即 $\overline{A} \rightarrow A$ 通电,D 即 $\overline{B} \rightarrow B$ 通电),控制脉冲必须严格按照这一顺序控制各相线圈的通断。根据四拍反转的时序要求,各控制信号的电平如表 3-57 所示(1 表示高电平,0 表示低电平,P1. X 为控制信号 X)。

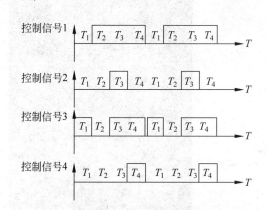

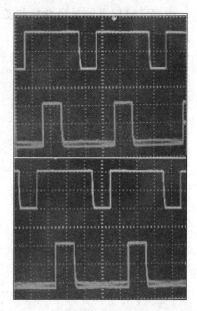

图 3-67 四拍正转时控制信号波形图

图 3-68 实测的四拍正转控制信号波形图

表 3-57 四拍反转时的控制信号

脉冲拍数		T_1 拍	T_2 拍	T_3 拍	T_4 拍
电机线圈电流方向		$\bar{B}$-B	$\bar{A}$-A	B-$\bar{B}$	A-$\bar{A}$
P 口工作状态	P1.1	1	1	1	0
	P1.2	0	1	0	0
	P1.3	1	1	0	1
	P1.4	1	0	0	0

根据表 3-57,可以得到控制信号波形如图 3-69 所示,实测的控制信号波形如图 3-70 所示。

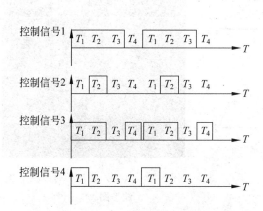

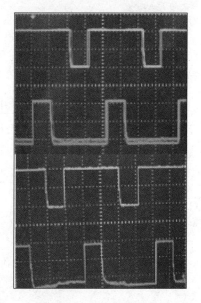

图 3-69 四拍反转时控制信号波形图

图 3-70 实测的四拍反转控制信号波形图

3.线圈电流信号的时序分析和实测波形图

步进电机在八拍正转、八拍反转；四拍正转、四拍反转时,线圈中的理想电流波形和实测的电流波形如图 3-71～图 3-78 所示。

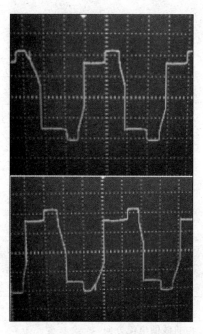

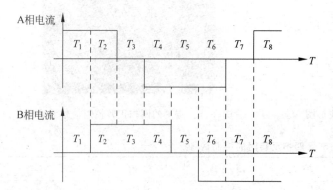

图 3-71　八拍正转时的线圈电流波形图

图 3-72　实测八拍正转时线圈电流波形图

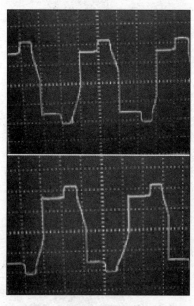

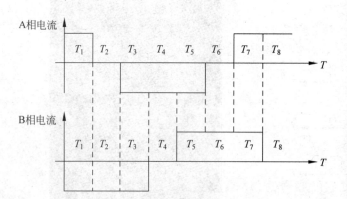

图 3-73　八拍反转时的线圈电流波形图

图 3-74　实测八拍反转时线圈电流波形图

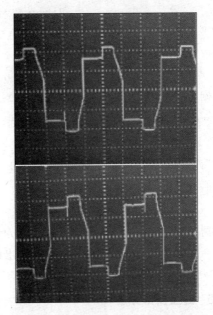

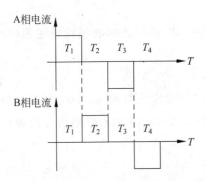

图 3-75　四拍正转时的线圈电流波形图

图 3-76　实测的四拍正转时线圈电流波形图

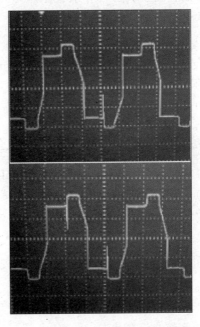

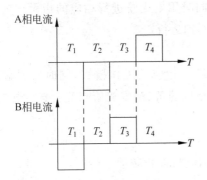

图 3-77　四拍反转时的线圈电流波形图

图 3-78　实测四拍反转时线圈电流波形图

线圈电流方向 $A \to \overline{A}$ 表示为正, $\overline{A} \to A$ 为负, B 相线圈同理。

4. 预置转速与控制脉冲的频率关系

步进电机的转速是由控制信号输出拍数的频率决定的。在单片机的控制系统内由定时器 T_0 控制电机的转速, T_0 工作在方式 1 模式, 晶振频率为 12MHz, 定时时间常数计算公式为

$$时间常数＝(2^{16}-定时时间)\mu s$$

当八拍正、反转时,步进电机以每拍 0.9° 的步距角转动,假设此时的预置转速为(设定转速值)r/min,定时时间计算公式为

$$定时时间(s)＝(60/设定转速值)/(360/0.9)$$

例如,当步进电机预置转速为 120r/min 时,T_0 定时器的定时时间为:(60/120)/(360/0.9)＝0.00125s。此时,控制脉冲每拍输出的频率为 1/0.00125＝800Hz,控制信号的频率为 800Hz/8＝100Hz。

当四拍正、反转时,步进电机以每拍 1.8° 的步距角转动,假设此时的预置转速为(设定转速值)r/min,定时时间计算公式为

$$定时时间(s)＝(60/设定转速值)/(360/1.8)$$

例如,当步进电机预置转速为 120r/min 时,T_0 定时器的定时时间为:(60/120)/(360/1.8)＝0.0025s,此时,控制脉冲每拍输出的频率为 1/0.0025s＝400Hz,控制信号的频率为 400Hz/4＝100Hz。

5. 键盘操作方法

显示分为预置转速显示和实时转速显示,单位都是 r/min,左边最高位是标志位,右边低三位是转速显示值,实时转速采用每分钟刷新方式显示。预置转速由键盘控制,在四拍和八拍状态下的最高转速都是 120r/min。

1)预置转速

按"移位"键,右边最低位数码管开始闪动,设定相应的数字后再按"移位"键进行其他显示位的修改。当修改完成后按"确认"键,闪动停止。在按"移位"键前进行数字键的操作是无效的。在预置转速操作时,预置转速显示框内显示"P-XXX"。

2)四拍和八拍工作状态的切换

按"切换"键进行四拍和八拍工作方式间的切换,同时用发光管进行相应的指示。蓝色指示灯点亮表示按四拍运行,白色指示灯点亮表示按八拍运行。

3)点动、正转、反转工作状态的选择

按"点动/停止"、"正转"、"反转"键后,系统自动进入相应的工作模式,同时实时显示"d----"、"F-XXX"、"R-XXX"。按"正转"、"反转"键后相应的黄、绿发光管点亮。连续按"点动/停止"键后,电机以单拍点动的方式进行运转。

4)系统紧急停止

出现意外情况时,在任何时候按"点动/停止"键后,电机停止转动。

5)系统自诊断状态

系统具有自诊断功能,当由于刻度盘被卡住等故障而引起电机堵转时,将实时显示"E-err"并间断蜂鸣器报警,请重新开启电源复位系统。(注:"XXX"表示相应状态下的转速实时显示值和预置数显示值。系统通电自检后自动进入八拍点动控制状态)。

3.12.3 实验仪器设备

实验仪器设备见表 3-58。

表 3-58　实验仪器设备

序号	名　　称	型 号 规 格	数量	备注
1	步进电机特性测试实验装置	自制设备	1 台	
2	示波器（配专用表笔）	GOS-6021	1 台	

3.12.4　预习要求

（1）查阅教材的相关内容，了解步进电机的基本概念。

（2）完成一个磁场或导电状态周期性变化所需的脉冲数称为_____，一般用 n 表示，对应一个脉冲信号，电机转子转过的角位移称为_____，用 θ 表示。$\theta = 360$ 度/（转子齿数×运行拍数）。以转子齿数为 50 齿的二相电机为例，四拍运行时步距角 $\theta =$_____，俗称为整步运行；八拍运行时步距角 $\theta =$_____，俗称为半步运行。

（3）当步进电机转动时，电机各相绕组的电感将产生一个反向_____，步进电机运行频率越高，反向_____越大，在它的作用下，电机随频率（或速度）的增大而相电流减小，从而导致力矩下降。

（4）步进电机低速时可以正常运转，但若高于一定速度就无法启动，并伴有啸叫声，该现象称为"_____"。所以，如果要使电机达到高速转动，脉冲频率应该有一个加速过程，即开始的频率较低，然后按一定加速度升到所希望的高频。相应地，电机转速也从低速升到高速。

（5）步进电机在一定测试条件下测得运行中输出力矩与控制脉冲频率的关系曲线称为矩频特性曲线，这是步进电机诸多动态曲线中最重要的，也是电机选择的根本依据。如图 3-79 所示，当频率升高到临界值时，输出的力矩开始_____。

图 3-79　电机矩频特性

（6）在预置转速为 120r/min，八拍正转状态时，在图 3-80 和图 3-81 绘制理想状态下控制信号和线圈电流波形图。

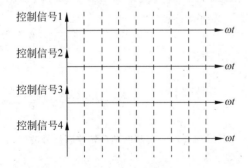

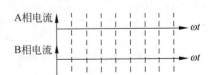

图 3-80　八拍正转时的理想控制信号波形　　图 3-81　八拍正转时的理想线圈电流波形

3.12.5　实验内容

（1）观测四拍和八拍工作状态下步进电机的正转、反转、点动的运动过程。

按"点动"键仔细观测四拍和八拍状态下点动时转过的角度大小，观测电机"步进"的现象,通过键盘的数字键和功能键设置预定的转速和运动的各个状态。四拍和八拍工作状态下步进电机每分钟的转速范围是:0~120r/min,在键盘上设置预定转速时已经进行调速范围的限定。详细操作方法请参考3.12.2节中的"5.键盘操作方法"。

(2)通过示波器测量预置转速为120r/min时,四、八拍状态下,电机正、反转的控制信号脉冲波形图和线圈电流波形图。通过键盘设定好工作状态和预置转速后,波形测试部分的操作在面板的测试区内完成。测量控制信号波形时,首先将双踪示波器的两组表笔的黑表笔插入接地黑孔内,将两红表笔分别插入控制信号 1 和控制信号 2 的插孔内,调节示波器,观测并记录一周期波形;再将两支红表笔插入控制信号 3 和控制信号 4 内,调节示波器,观测并记录一周期波形。

测量线圈电流波形时(请单独使用一组表笔),将一组示波器的红黑表笔分别插入 A 和 $\overline{A}$,调节双踪示波器并记录一周期波形;将该组红黑表笔再分别插入 B 和 $\overline{B}$,调节双踪示波器并记录一周期波形。

将测试后的波形相应记录在图 3-82~图 3-89 中。

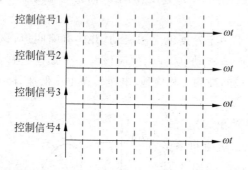

图 3-82　实测八拍正转控制信号波形

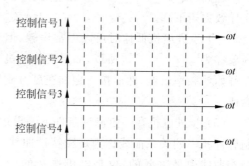

图 3-83　实测八拍反转控制信号波形

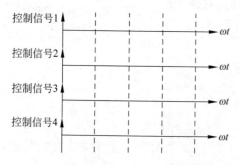

图 3-84　实测四拍正转控制信号波形

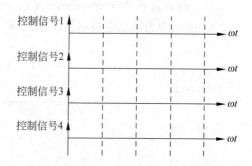

图 3-85　实测四拍反转控制信号波形

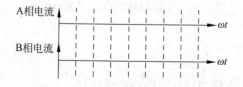

图 3-86　实测八拍正转线圈电流波形

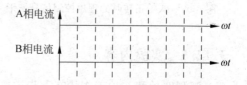

图 3-87　实测八拍反转线圈电流波形

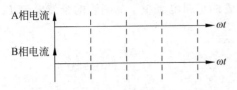

图 3-88　实测四拍正转线圈电流波形

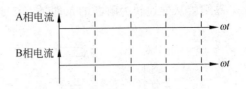

图 3-89　实测四拍反转线圈电流波形

3.12.6　实验总结

(1) 观察线圈电流理想波形和实际波形的区别,并分析可能的主要原因。

(2) 谈谈你在该实验中的体会和收获,并列举你所了解的步进电机在生产和生活中的实际应用。

3.12.7　注意事项

(1) 当电机预置转速较低时,步进电机运行时会产生较大的噪声。在观察运动状态时,预置转速请设置成大于 80r/min。

(2) 在测试相电流波形时,注意不要同时使用双踪示波器的两组表笔,防止两支黑表笔因示波器的内部共地而造成短路。

(3) 在电机转动时,注意不要用手触摸刻度盘的边缘,防止划伤。

3.13　可控硅调光电路

3.13.1　实验目的

(1) 了解晶闸管和单结晶体管的特性并学会简易测试方法。

(2) 了解单结晶体管触发电路与调试方法。

(3) 了解由晶闸管构成的调光电路的结构和工作原理。加深理解晶闸管、单结晶体管的应用。

3.13.2　实验原理简述

1. 晶闸管的导通和阻断

晶闸管(可控硅)是一种可控的单向导电元件,是一种具有 3 个 PN 结的 4 层结构的半导体器件,其结构示意图和符号如图 3-90 所示,3 个电极分别为阳极 A、阴极 K 和控制极 G。

图 3-90(a)、(b)、(c)为晶闸管的结构图、引脚排列及电路符号。

晶闸管从阻断状态转为导通状态必须具备两个条件:阳极 A 与阴极 K 之间加正向电压;控制极 G 与阴极 K 之间加正向电压。晶闸管导通后,控制极就失去作用,这时去掉或重复供给控制电压都不会影响晶闸管的继续导通。所以当阳极与阴极之间加正向电压时,只要在控制极上加一个短时存在的正向脉冲电压,就可触发晶闸管导通。晶闸管的伏安特性曲线如图 3-90(d)所示。

晶闸管从导通转为阻断的条件是：流过晶闸管的正向电流小于晶闸管的维持电流 I_H。

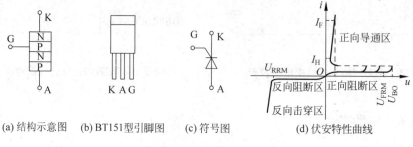

(a) 结构示意图   (b) BT151型引脚图   (c) 符号图   (d) 伏安特性曲线

图 3-90   晶闸管

2. 可控整流电路

可控整流电路是将交流电变换为电压大小可以调节的直流电的电路,通常由主电路和触发电路两部分组成。图 3-91 是单相半波可控整流电路的主电路,它与普通的不可控半波整流电路的差别在于用一个晶闸管代替了原来的二极管。触发电压 u_g 由单结晶体管触发电路供给。改变触发电压 u_g 的相位,即改变控制角 α 的大小,就可以改变晶闸管的导通时刻,从而改变了输出直流电压 U_L 的值。图 3-92 是在纯电阻性负载时各部分的电压及负载电流的波形。在单相半波可控整流的情况下,U_L 可由下式计算

$$U_L = 0.45 U_2 \frac{1+\cos\alpha}{2}$$

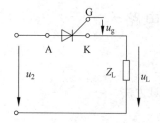

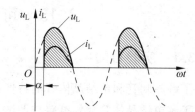

图 3-91   单相半波可控整流电路

图 3-92   纯电阻性负载时负载电压和
电流的波形图

3. 单结晶体管

单结晶体管又称为双基极二极管,它有两个基极(第一基极 B_1、第二基极 B_2)和一个发射极 E。如图 3-93 所示是单结晶体管的外形、符号、等效电路和伏安特性曲线图。

单结晶体管的伏安特性曲线是指在基极 B_2、B_1 间加一个恒定电压 U_{BB} 时(B_2 接正,B_1 接负),发射极电流 i_E 与电压 u_E 的关系曲线,如图 3-93(d)所示,U_P 为峰点电压,只有当电压 u_E 到达峰点电压时,单结晶体管才能导通;导通后,当电压 u_E 下降到小于谷点电压 U_V后,单结晶体管又恢复截止。

在 B_2、B_1 间加一个恒定电压 U_{BB},由于两基极电阻的分压,使 R_{B1} 上有一个固定电压,其值为

$$U_A = \frac{R_{B1}}{R_{B1}+R_{B2}} U_{BB} = U_{BB} \cdot \eta$$

式中，$\eta=\dfrac{R_{B1}}{R_{B1}+R_{B2}}$，称为分压比，其值与管子的结构有关，一般在 0.5～0.9 之间。对一定的管子来说，η 是一个常数。

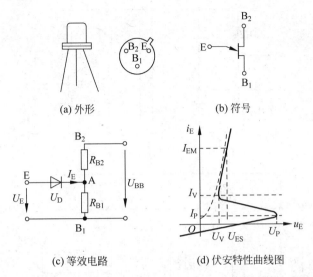

(a) 外形　　　　　　(b) 符号

(c) 等效电路　　　　(d) 伏安特性曲线图

图 3-93　单结晶体管

发射极电压 $U_E=U_A+U_D=U_{BB}\cdot\eta+U_D$，只有当 $U_E=U_P$ 时，单结晶体管才能导通，这时 E 极与 B_1 极间是低电阻状态，硅片电阻 R_{B1} 急剧减小，致使分压比 η 减小。这时，I_E 增加，R_{B1} 变得更小，A 点电位更低，PN 结要求维持导通的电压 $U_E=U_{BB}\cdot\eta+U_D$ 也随之下降。这种随着电流 I_E 增加，电压 U_E 反而下降的特性叫负阻特性。当 $U_E<U_V$（U_V 为谷点电压）时，单结晶体管才会截止。

单结管的 E 极与 B_1 极，E 极与 B_2 极间都相当于一个二极管。而 B_1 和 B_2 极间相当于一个固定电阻（阻值约为 2～15kΩ）。由于 E 极与 B_2 极间距离较近，所以它们之间的正向电阻小于 E 和 B_1 极间电阻。这样，可以用万用表电阻挡（$R\times100$、$R\times1$k）来识别单结管的 3 个引脚。

4．单结晶体管触发电路

在图 3-94 中，电压 u_2 经整流和削波电路后的梯形电压 u_z 经电阻 R_W 向电容 C 充电。当电容电压 u_C 升至单结晶体管的峰点电压时，单结晶体管导通，电容 C 经发射极 E 和第一基极 B_1 向电阻 R_3 放电。当电容电压 u_C 降到单结晶体管的谷点电压时，单结晶体管截止，从而在 R_3 上形成一个正向脉冲电压 u_g，此时梯形波电压再次经 R_W 向 C 充电，重复上述过程。改变 R_W 的值即可改变充电的速度，也就是改变每个半周中出现第 1 个脉冲的时刻，从而改变晶闸管开始导通的时间。R_W 的值越小，充电越快，出现第 1 个脉冲的时刻越早，即控制角 α 越小。

实验电路如图 3-95 所示，220V 的交流电经变压器，在副边绕组得到 $U_2=12V$ 电压作为桥式整流电路的输入电压，主电路与触发电路由同一个整流电源 u_0 供电。白炽灯作为电阻性负载串接在晶闸管主电路。晶闸管导通所需的触发脉冲由单结晶体管触发电路供给，全波整流电压 u_0 经稳压管削波后，得到一个梯形波 u_z，作为单结晶体管电路的同步电源。

当交流电源电压过零时，u_Z 也过零，使电容端电压 u_C 每次都从电源电压过零时，从零开始充电，从而保证了触发电路与主电路之间的同步关系。

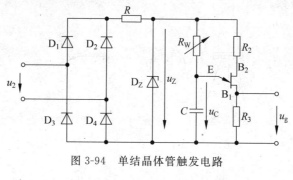

图 3-94　单结晶体管触发电路

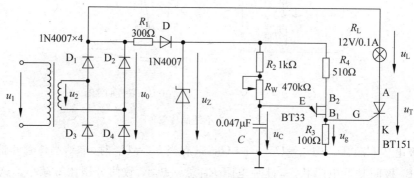

图 3-95　可控调光电路图

3.13.3　实验仪器设备

实验所需的仪器设备如表 3-59 所示。做实验时请仔细观察各仪器的面板，了解各开关、旋钮的作用。

表 3-59　实验仪器设备

序号	名　　称	型　号　规　格	数量	备注
1	示波器	GOS-6021	1	
2	万用表	GDM-8135	1	
3	电源变压器	0～25V 可调	1	
4	二极管	1N4007	5	
5	稳压二极管	9.1V	1	
6	电容	0.047μF	1	
7	电阻	100Ω/2W，300Ω/1W，510Ω/2W，1kΩ/1W	4	
8	电位器	470kΩ	1	
9	可控硅	BT151	1	
10	单结晶体管	BT33	1	
11	白炽灯	12V/0.1A	1	
12	9孔插件方板	297mm×300mm	1	
13	导线、短接桥	P8-1 和 50148	若干	

3.13.4 预习要求

要求复习晶闸管及单相半波可控整流的工作原理。

(1) 晶闸管从阻断转为导通的条件是阳极与阴极间加_____电压,控制极与阴极间加_____电压。晶闸管导通后,_____极就失去了作用。

(2) 要使晶闸管阻断,必须把正向阳极电流降低到晶闸管的_____以下。

(3) 晶闸管与晶体二极管都具_____性能,但晶闸管的导通受其_____极控制,它_____(具有/不具有)阳极电流随控制极电流成正比例增大的特性。

(4) 当加在单结晶体管发射极的电压 $U_E=$_____时,单结晶体管才导通。像单结晶体管这样随着电流 I_E 增加、电压 U_E 反而下降的特性称为_____特性。

(5) 如图 3-95 所示实验电路中,主电路和触发电路由同一电源供电,所以每当电路的交流电源电压过零值时,电压 u_Z 也过零值,两者_____。

(6) 如图 3-95 所示实验电路中,当 R_W 减小时,电容器 C 充电变_____(快/慢),α 角变_____(大/小),使晶闸管的导通角变_____(大/小),输出直流电压也变_____(大/小)。

(7) 画出单相全波可控整流电路(电阻性负载)的输入电压 u_2、晶闸管压降 u_T、输出电压 u_L 的波形(设控制角 $\alpha=30°$)。改变触发电压 u_g 的相位,就可以调节输出直流电压 U_L 和电流 I_L 的数值。写出 U_L 和 I_L 与 α 的关系式:$U_L=$_____;$I_L=$_____。

3.13.5 实验步骤

(1) 用万用表测试单结晶体管和晶闸管,并判别其是否完好。

用万用表 $R\times10\Omega$ 挡,测量单结晶体管发射结 E 与两个基极之间的正反向电阻,记入表 3-60。

表 3-60 单结晶体管发射结 E 与两个基极之间的正反向电阻

R_{EB1}/Ω	R_{EB2}/Ω	R_{B1E}/Ω	$R_{B2E}/k\Omega$	结论

用万用表 $R\times1k\Omega$ 挡,测量晶闸管 A-K、A-G 之间的正反向电阻;用万用表 $R\times10\Omega$ 挡,测量 G-K 之间的正反向电阻,记入表 3-61。

表 3-61 晶闸管 A-K、A-G 之间的正反向电阻

$R_{AK}/k\Omega$	$R_{KA}/k\Omega$	$R_{AG}/k\Omega$	$R_{GA}/k\Omega$	$R_{GK}/k\Omega$	$R_{KG}/k\Omega$	结论

(2) 根据图 3-95 连接电路,经检查无误后接通电源,观察触发电路各点的波形。

① 触发电路接入交流电压 u_2,把电位器 R_W 调到最小处,用示波器观察 u_0、u_Z、u_C、u_g 的波形并绘在图 3-96 中。

② 调节 R_W,观察 u_C、u_g 波形的变化,并与上述波形作比较。

（3）观察主电路带电阻性负载各部分的电压波形。

① 主电路负载用白炽灯泡，接入交流电压 u_2 后测量 U_2 值，晶闸管控制极 G 接上触发脉冲 u_g 后，把电位器 R_W 调到最小，用示波器观察交流输入电压 u_2、晶闸管压降 u_T、输出电压 u_L 的波形，并绘在图 3-97 中。

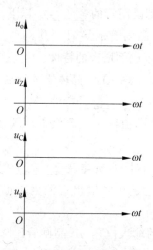
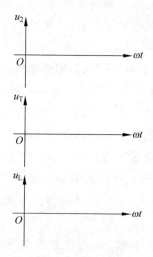

图 3-96　触发电路各点波形　　　　图 3-97　主电路各部分电压波形

② 调节 R_W，观察白炽灯亮度的变化以及 u_T 和 u_L 波形的变化，同时用万用表测量负载电压 U_L，并计算相应的控制角 α，记入表 3-62。

表 3-62　负载电压 U_L 及控制角 α

测试条件 ＼ 测试项目		灯泡亮度	U_L/V	计算 α
$U_2=$　　/V	R_W最小			
	R_W适中			
	R_W最大			

3.13.6　实验总结

（1）根据所测的波形，说明如何改变晶闸管的控制角 α。

（2）在单结晶体管触发电路中，直接用直流稳压电源代替桥式整流给稳压管限幅供电行不行？为什么？

3.13.7　实验注意事项

（1）在实验操作过程中，注意安全。

（2）在接线和改接线路时，应先切断电源。

3.14 自动开启延时照明电路

3.14.1 实验目的

(1) 熟悉常用电子元器件、集成定时器并学会合理地选用。
(2) 提高电路布局、布线以及检查和排除故障的能力。
(3) 培养正确选择与运用测试仪器对系统进行正确测试的能力。
(4) 学习电子电路的分析和设计方法。

3.14.2 实验原理简述

1. 集成定时器

集成定时器是一种模拟电路和数字电路相结合的中规模集成电路,只要外接适当的电阻、电容等元件,可方便地构成单稳态触发器、多谐振荡器、施密特触发器等脉冲产生电路或波形变换电路。定时器有双极型和 CMOS 两大类,其结构和工作原理基本相似。通常双极性定时器具有较大的驱动能力,而 CMOS 定时器具有功耗低,输入阻抗高等优点。国产定时器 5G1555 与国外的 555 定时器类同,可互换使用。图 3-98(a)、(b) 为集成定时器内部逻辑图及引脚图。如表 3-63 所示为各引脚名称及功能。

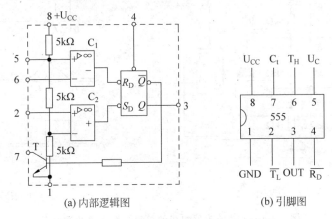

(a) 内部逻辑图   (b) 引脚图

图 3-98　集成定时器内部逻辑图及引脚图

表 3-63　集成定时器各引脚名称及功能

编号	1	2	3	4	5	6	7	8
符号	GND	$\overline{T_L}$	OUT	$\overline{R_D}$	U_C	T_H	C_t	U_{CC}
名称	接地端	低电平触发端	输出端	复位端	电压控制端	高电平触发端	放电端	电源端

2. 单稳态触发器

单稳态触发器只有一个稳定状态,在外来触发脉冲的作用下,能够输出一定幅度和宽度的脉冲,输出脉冲的宽度就是暂稳状态的持续时间 t_p。t_p 的大小决定于单稳态触发器本身的电路参数。当单稳态触发器电路参数一定时,t_p 就为一定值,而与外加的触发脉冲无关,可以用图 3-99 表示。

单稳态触发器通常用于整形、定时和延时。因为任何外来波形送入单稳态触发器,只要使单稳态触发器触发翻转,都能输出一个宽度和幅度一定的矩形脉冲,起到整形和定时的作用。

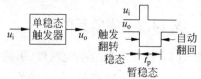

单稳态触发器可用分立元件构成,也可用集成与非门或集成电压比较器构成,但更多情况下是由集成定时器构成的单稳态触发器。图 3-100 是由 555 定时器组成的单稳态触发器电路及波形图。R、C 是外接元件,触发脉冲由 2 端输入。

图 3-99 单稳态触发器功能示意图

当触发脉冲尚未输入时,u_i 为"1",单稳态触发器的输出 u_o 为"0"。

在 t_1 时刻,输入触发负脉冲,其幅度低于 $U_{CC}/3$,故比较器 IC_2 输出为"0"。将触发器置"1",u_o 由"0"变为"1",电路进入暂稳状态。这时因 $\overline{Q}=0$ 晶体管截止,电源对电容 C 充电。虽然在 t_2 时刻触发脉冲已消失,IC_2 的输出变为"1",但充电继续进行,直到 u_c 上升至略高于 $\frac{2}{3}U_{CC}$ 时(在 t_3 时刻),IC_1 的输出为"0",从而使触发器自动翻转到 $Q=0$,$\overline{Q}=1$ 的稳定状态。同时电容 C 通过放电晶体管 T 迅速放电。

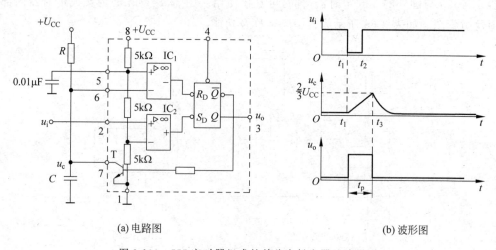

(a) 电路图

(b) 波形图

图 3-100 555 定时器组成的单稳态触发器及波形图

如图 3-100(b)所示,单稳态触发器的输出是矩形脉冲,脉冲宽度 t_p(即暂稳态持续时间)决定于外接元件 R、C 的大小,通过改变 RC 的值可以改变脉冲宽度 t_p,从而实现定时控制和对输入波形的整形。根据上述单稳态触发器的工作原理,由数学推导得出暂稳态持续时间 $t_p=RC \ln3=1.1RC$。

3. 自动开启延时照明电路

当天黑时,希望在人上楼或下楼时能自动点亮楼道照明灯,经数秒钟后,楼道灯自动熄灭。这样既方便了行人夜间上楼或下楼的照明,也避免了楼道灯长时间点亮而浪费电能。这种电路目前应用较为广泛,它的组成形式可多种多样,采用的元器件也各不相同。但一般的设计原则应该是电路要简单可靠,元器件少,成本低。

图 3-101 是自动开启延时照明电路框图,它由直流电压源、感应信号产生电路、延时电

路、开关、电灯组成。其中延时电路是主要电路,采用单稳态触发器。直流电压源是单稳态触发器、感应信号产生电路的工作电源,由于 555 集成定时器的直流电源为 5～18V,所以直流电压源的输出电压设计值为 10V 左右。开关一般可采用继电器或双向可控硅,实验用的双向可控硅的引脚排列如图 3-102 所示。

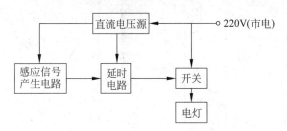

图 3-101　自动开启延时照明电路框图

图 3-102　双向晶闸管引脚图
1—阳极 A_2;2—控制极 G;
3—阴极 A_1

实验电路如图 3-103(a)所示,220V 市电经电容 C_4 和稳压管支路降压,经二极管对电容 C_3 充电,输出 10V 左右直流电压。红外发射接收对管所在的支路模拟感应信号,当红外接收管导通时,电阻 R_2 两端为高电位,单稳态触发器输入高电平"1",输出低电平"0",双向可控硅不导通,电灯灭。当有物体挡住发射二极管时,接收二极管截止,电阻 R_2 两端为低电位,单稳态触发器输入低电平"0",输出高电平"1",双向可控硅导通,电灯亮。经延时时间 t_p 后,电灯自动熄灭。

另外,555 定时器的复位端接光敏三极管支路。当太阳光照射光敏三极管窗口(基极)时,该管导通,复位端接入低电平,单稳态触发器输出低电平,即白天电灯不亮。当光敏三极管窗口(基极)无光照时,该管截止,复位端接入高电平,单稳态触发器正常工作。

用继电器控制电灯的控制线路如图 3-103(b)所示,其工作原理与图 3-103(a)相同。

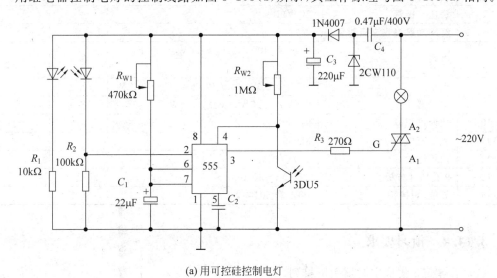

(a) 用可控硅控制电灯

图 3-103　自动开启延时照明实验电路

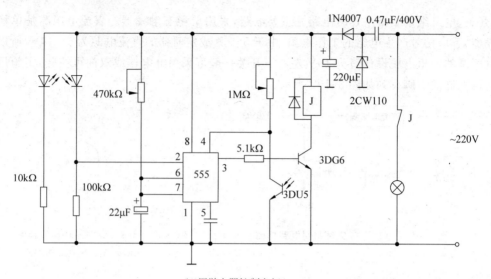

(b) 用继电器控制电灯

图 3-103 （续）

3.14.3 实验仪器设备

实验仪器设备见表 3-64。

表 3-64 实验仪器设备

序号	名　　称	型 号 规 格	数量	备注
1	示波器	GOS-6021	1	
2	万用表	GDM-8135	1	
3	555 定时器		1	
4	整流二极管	1N4007	1	
5	稳压二极管	2CW110	1	
6	红外发射接收二极对管		2	
7	电容	$0.47\mu F/400V,220\mu F/50V,0.01\mu F,$ $22\mu F/50V$	各1	
8	电阻	$10k\Omega/0.25W,100k\Omega/0.25W,270\Omega/0.25W$	各1	
9	电位器	$470k\Omega/0.25W,1M\Omega/0.25W$	各1	
10	双向可控硅	97A6	1	
11	光敏三极管	3DU5	1	
12	白炽灯	220V/15W	1	
13	9 孔插件方板	297mm×300mm	1	
14	导线、短接桥	P8-1 和 50148	若干	

3.14.4 预习要求

（1）了解 555 集成定时器引脚排列。

（2）熟悉用 555 集成定时器组成单稳态电路。

（3）复习函数信号发生器和双通道示波器的使用方法。

（4）完成下列填空：

① 在 555 集成定时器中，脚 8 应接＿＿＿＿＿＿＿，脚 1 应接＿＿＿＿＿＿＿。

② 在 555 集成定时器中，若脚 4 置"0"，则输出端为＿＿＿＿＿＿＿（高电平/低电平）。

③ 在 555 集成定时器中，脚 5 为电压控制端，不用时，经＿＿＿＿＿＿＿接地，防止＿＿＿＿＿＿＿引入。

④ 实验中的单稳态触发器，若外接的 $R=10\mathrm{k}\Omega$，$C=0.1\mu\mathrm{F}$，其输出的方波波形脉冲宽度 $t_p=$＿＿＿＿＿＿＿，若把延时时间 t_p 调到 $3\mathrm{s}$，$C=22\mu\mathrm{F}$，则 $R=$＿＿＿＿＿＿＿。

（5）实验电路中，直流电源由哪几个元件组成？其中二极管 1N4007 的作用是什么？如果此二极管接反会产生什么现象？

3.14.5　实验步骤

（1）用万用表测试电阻、电容、二极管、稳压管、双向可控硅并判别其是否完好，记下电解电容、二极管、稳压管、双向可控硅的极性及电阻阻值。

（2）按图 3-103(a)接好直流电源部分，检查无误后接通电源，分别用万用表的交流电压挡和直流电压挡测量其输入电压和输出电压（C_3 两端），并记下电压值：输入电压＝＿＿＿＿＿＿＿，输出电压 $U_{\mathrm{CC}}=$＿＿＿＿＿＿＿。测量完毕后注意关断总电源。

（3）按实验电路图 3-103(a)接好单稳态触发器，输入端（"2"端）连接 $1\mathrm{kHz}$ 的方波信号，555 集成定时器的 4 脚接高电平，接通直流电源 U_{CC}，用双踪示波器的通道 1（CH1）测量 $1\mathrm{kHz}$ 的方波信号，通道 2（CH2）测量 555 集成定时器的输出端信号 u_o，调节 R_{W1}，使 $t_p=2\mathrm{ms}$，并在图 3-104 中记录观察到的波形。

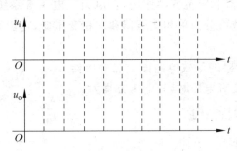

图 3-104　输入端信号 u_i 与输出端信号 u_o 的波形图

（4）按实验电路图 3-103(a)接好单稳态触发器和红外发射接收对管，并与直流电源部分接通（注意：暂时不接电灯支路）。检查无误后合上电源，用万用表分别测量当红外接收管导通和截止时，555 定时器各引脚对地的电压，并记在表 3-65 中。

表 3-65　555 定时器各引脚对地的电压

引脚编号	2	3	4	5	6	7	8
名称	低电平触发端	输出端	复位端	电压控制端	高电平触发端	放电端	电源端
导通时电压值/V							
截止时电压值/V							

(5) 在关断总电源的情况下，完成电灯支路接线，检查无误后接通电源。调节 R_{W1}，使延时时间达 3 秒钟，遮挡红外发射管，观察电灯开启、关断情况。

3.14.6 实验总结

(1) 完成预习要求中的第(4)、(5)题。

(2) 通过实验有哪些提高和收获？

3.14.7 实验注意事项

(1) 电解电容 C_1、C_3 的极性不得接反，电源电压的极性不得接反。

(2) 改接线路或做完实验后，应先切断电源。

3.15 单相变压器

3.15.1 实验目的

(1) 掌握变压器绕组同名端的判别方法。

(2) 了解变压器空载运行和负载运行的特性。

(3) 掌握变压器的电压、电流和阻抗变换作用。

3.15.2 概述

变压器具有电压、电流和阻抗变换作用，在电力、电子等系统中有着广泛的应用。变压器的种类繁多，按照相数可分为单相变压器和三相变压器，它们都是基于电磁感应原理工作的。

图 3-105 是单相变压器的等效电路图。当变压器副边开路，原边加入正弦交流电压时，其电压方程为

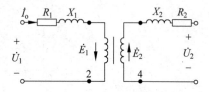

$$\dot{U}_1 = \dot{I}_o Z_1 - \dot{E}_1$$

$$\dot{U}_2 = \dot{E}_2$$

图 3-105 单相变压器的等效电路图

式中：$Z_1 = R_1 + jX_1$ 为原绕组漏阻抗，一般较小；$E_1 = 4.44 f N_1 \Phi_m$ 为原绕组感应电势；$E_2 = 4.44 f N_2 \Phi_m$ 为副绕组感应电势；I_o 为空载电流，一般较小。

在忽略 $\dot{I}_o Z_1$ 时，有

$$\frac{U_1}{U_2} \approx \frac{E_1}{E_2} = \frac{N_1}{N_2} = K$$

式中，U_1、U_2 为变压器原、副边电压有效值，N_1 和 N_2 分别为变压器原副边绕组的匝数，K 称为变压器的变比。可见，变压器具有电压变换作用。

变压器原边电压和副边电压的相位关系用原、副边绕组的同名端表示出来，电路中常在同名端标上"·"（或"＊"）作为记号。同名端表示原、副边电压瞬时极性相同的端点。在同名端未知时，可用实验的方法来确定。常用的方法有两种，即电压法和电流法。

电压法是使变压器副边开路，将副边的一端与原边的一端相连接，原边加入交流电压 U_1，测量原、副边另两端间的电压 U，如图 3-106 所示。对于降压变压器，若测得 $U<U_1$，则原、副边不相连的两端 A 和 a 为同名端（相连的两端 X 和 x 也为同名端）；若 $U>U_1$，则 A 和 x 为同名端（X 和 a 也为同名端）。

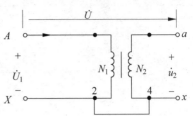

图 3-106　用电压法测量同名端

电流法是指变压器原边通过一开关接电池，副边接小量程的直流毫安表（或万用表的直流毫安挡），如图 3-107 所示。在闭合开关的瞬间，若毫安表指针正偏，则 A 和 a（X 和 x）为同名端；若指针反偏，则 A 和 x（X 和 a）为同名端。

变压器副边接负载时（如图 3-108 所示），其磁势平衡方程式为

$$I_1 N_1 + I_2 N_2 = I_0 N_1$$

若在额定负载下略去空载电流 I_0，则原、副边电流关系为

$$\frac{I_1}{I_2} = \frac{N_2}{N_1} = \frac{1}{K}$$

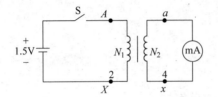

图 3-107　用电流法测量同名端

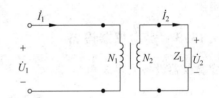

图 3-108　接负载时的电路图

上式反映了变压器的电流变换作用。

从图 3-108 可知变压器副边电流有效值为

$$I_2 = \frac{U_2}{|Z_L|}$$

在略去变压器的漏阻抗时，从变压器原边看进去的等效阻抗为

$$|Z'_L| = \frac{U_1}{I_1} = \frac{KU_2}{\frac{I_2}{K}} = K^2 |Z_L|$$

这就是变压器的阻抗变换作用。当负载为电阻 R_L 时，则有 $R'_L = K^2 R_L$。

变压器的铭牌参数有：额定容量 S_N、额定电压 U_{1N}/U_{2N}（U_{2N} 为原边加额定电压 U_{1N} 时的副边空载电压）、额定电流 I_{1N}/I_{2N}、额定频率、相数等。此外，变压器还有两个重要指标，即电压变化率 ΔU 和效率 η：

$$\Delta U = \frac{U_{2N} - U_2}{U_{2N}} \times 100\%, \quad \eta = \frac{P_2}{P_1} \times 100\%$$

式中，U_2 为变压器副边额定电流时的端电压，P_1 为变压器原边输入功率，P_2 为副边输出功率。

另一种常用的变压器为自耦变压器。小型自耦变压器通常用做调压器，其绕组连接原理如图 3-109 所示。使用时，原、副边的接线不能颠倒，在通电前，输出应处于 0V 位置，通电后逐渐调节输出电压至所需值。

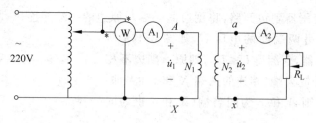

图 3-109　实验接线示意图

本实验用瓷盘电阻作为变压器副边的负载。该瓷盘电阻共有 3 组可调电阻,其中一组可调电阻的结构示意图如图 3-110 所示,每组内部的 2 个可调电阻可进行串联或并联组合。其中接线端子为黄色的一组可调电阻,其内部有 2 个阻值为 90Ω 的可调电阻,每个可调电阻可通过的最大电流为 1.3A,当这两个可调电阻并联时,最大可通过 2.6A 的电流;另两组(接线端子为绿色和红色)内部有 2 个阻值为 900Ω 的可调电阻,每个可调电阻可通过的最大电流为 0.41A。测试时可采用一组端子为黄色的可调电阻。

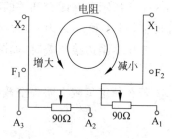

图 3-110　可调电阻结构示意图

3.15.3　实验仪器设备

实验仪器设备见表 3-66。

表 3-66　实验仪器设备

序号	名　　称	型 号 规 格	数量	备注
1	单相变压器	MC1111	1 只	
2	数字万用表	GDM8135	1 只	
3	瓷盘电阻		1 只	
4	直流稳压电源	SBL	1 只	
5	单相电量仪表板	MCL1098	1 只	
6	导线		若干	

3.15.4　预习要求

(1) 变压器变比 $K = N_1/N_2$,又有 $K = U_{1N}/U_{2N}$ 和 $K = I_2/I_1$。后两种形式与前一种形式有何区别?

(2) 判别变压器绕组同名端的"电压法"和"电流法"的原理分别是什么?

(3) 在通电前,要求将自耦变压器的输出调到 0V 位置,若此时将输入与输出端接反,通电后将造成什么后果?

3.15.5　实验内容

1. 判别变压器高、低压绕组

用万用表电阻挡分别测量变压器两绕组的电阻值($R_1 = \underline{\qquad} \Omega$,$R_2 = \underline{\qquad} \Omega$),

据此判别高压绕组和低压绕组。

2．判别变压器绕组的同名端

（1）采用"电压法"判别。按图 3-106 连接，并通过调压器对原边加 30V 交流电压，测量原边电压 U_1、副边电压 U_2 及原、副边合成电压 U，记入表 3-67，据此判别同名端。

表 3-67 变压器绕组的同名端判别

测量值			判别结果
U_1/V	U_2/V	U/V	

（2）采用"电流法"判别。按图 3-107 连接，并将判别结果与（1）比较。

3．变压器空载运行

按图 3-109 接线，变压器副边空载，原边加入额定交流电压 220V，观察原边空载电流 I_o，并测量原、副边电压，记入表 3-68。计算变压器变比 K。

表 3-68 变压器空载运行

测量值		计算值
U_{1N}/V	U_{2N}/V	$K=U_{1N}/U_{2N}$

4．变压器负载运行

变压器副边（0～12V 之间）接入负载（采用瓷盘电阻，为防止副边短路，先将瓷盘电阻的滑臂放于中间位置），原边加入额定交流电压 220V，调节负载电阻值，使副边电流为额定值（$I_{2N}=1.0A$），完成表 3-69 的测量和计算。

表 3-69 变压器负载运行

测量值					计算值					
U_{1N}/V	I_{1N}/A	U_2/V	I_{2N}/A	P_1/W	$R_L=U_2/I_{2N}$	$R_L'=U_{1N}/I_{1N}$	K^2R_L	P_2/W	$\eta/\%$	$\Delta U/\%$

5．测量变压器的外特性

原边加入额定电压 220V，改变负载电阻值（R_L 从大调至小，但应使 $I_2 \leqslant I_{2N}$），测量不同负载下的 U_2、I_2 及 P_1，记入表 3-70。根据测量结果，计算副边功率 P_2 及变压器效率 η。

表 3-70 变压器的外特性

测量值	I_2/A	
	U_2/V	
	P_1/W	
计算值	P_2/W	
	$\eta/\%$	

3.15.6　实验总结

(1) 完成各表所要求的计算值。

(2) 比较 $K=U_{1N}/U_{2N}$ 与 $K=I_{2N}/I_{1N}$ 的值,从原理上分析两者差异的原因。

(3) 比较 $R_L'(U_{1N}/I_{1N})$ 与 K^2R_L 的值,从原理上分析两者差异的原因。

(4) 根据表 3-70 绘出变压器在电阻负载($\cos\varphi=1$)时的外特性曲线 $U_2=f(I_2)$ 及效率曲线 $\eta=f(P_2)$。

第4章 虚拟仿真实验

4.1 叠加定理的仿真研究

4.1.1 实验目的

(1) 熟悉 Multisim 的使用方法,掌握电阻元件、单刀双掷开关、虚拟电压表和电流表的使用方法。

(2) 利用仿真软件验证线性电路的叠加性。

(3) 加深对叠加定理的理解。

4.1.2 实验原理简述

叠加定理:在有几个独立源共同作用下的线性电路中,通过每一个元件的电流或其两端的电压,可以看成是由每一个独立源单独作用时,在该元件上所产生的电流或电压的代数和。

叠加定理说明了线性电路中各个电源作用的独立性,即在线性电路中,任何一个独立电源所产生的响应,不会因为其他电源的存在而受到影响。

4.1.3 实验内容

1. 文件设置

启动 Multisim,选择菜单栏中的 Options 命令,在弹出的对话框中单击 Global Preferences,选择 Parts 选项卡,在 Symbol standard 选项内选择"DIN(欧洲标准)",然后单击 OK 按钮。

再次选择菜单栏中的 Options 命令,在弹出的对话框中单击 Sheet Properties,选择 Circuit 选项卡,在 Net Names 选项内选择 Show All,然后单击 OK 按钮。这样就能显示电路全部连接点的编号。

单击系统工具栏中的保存按钮,在对话框中输入文件名"叠加定理",并选择存储路径,单击"保存"按钮。

2. 建立文件

在"基本元件库(Basic)"中选择"电阻(RESISTOR)",同时选择电阻值的单位为 Ω,精度为 5%(如图 4-1 所示),放置 510Ω 的电阻 R_1。重复上述过程,分别放置 $R_2 \sim R_5$(注意电阻的不同阻值: $R_2 = 1.0k\Omega$ 与 $R_5 = 330\Omega$)。右键单击电阻图标,在弹出的对话框中单击"90 Clockwise",可使电阻顺时针旋转 90°(单击"90 CounterCW"可使电阻逆时针旋转 90°)。

在"基本元件库(Basic)"中选择"开关(SWITCH)",放置 SPDT 型开关 J1 和 J2。双击开关 J1 图标,弹出其属性对话框。选择 Value 选项卡,在 Key for Switch 栏中选择 A,单击"确定"按钮。这表示用字母 A 键来控制开关 J1 的切换,每按一次字母 A 键,开关 J1 会左右切换一次(键盘必须在英文输入状态)。同样设置开关 J2,用字母 B 来控制开关 J2 的切换。也可以自己选择其他键来控制开关。

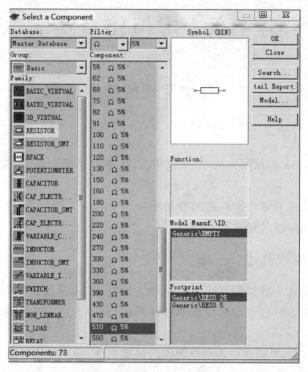

图 4-1　电阻元件的选取

在"电源库(Sources)"中选择"电源(POWER_SOURCES)",放置 DC_POWER 直流电压源 E1 和 E2。双击电源 E1 图标,弹出其属性对话框。选择 Value 选项卡,设置电源电压值"Voltage(V)=12V",单击"确定"按钮。同样设置直流电压源 E2 的电压为 6V。

在"电源库(Sources)"中选择"电源(POWER_SOURCES)",放置接地端 GROUND。

在"指示元件库(Indicators)"中选择"电压表(VOLTMETER)",放置 VOLTMETER_H。双击电压表 U1 图标,弹出其属性对话框。选择 Label 选项卡,设置元器件标号 RefDes 为 UFA,单击"确定"按钮,表示这个电压表用来测量电压 U_{FA}。同样放置其他电压表和电流表(电流表是 AMMETER),并修改其标号。注意:在"指示元件库(Indicators)"中分别有 4 种电压表(如图 4-2 所示)和 4 种电流表,要根据接线位置和测量电压(或电流)的极性加以正确选择。

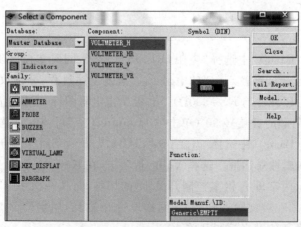

图 4-2　电压表、电流表的选择

按要求连接各元器件,在电路窗口中建立如图 4-3 所示电路。注意:图中导线连接次序不同,连接点的编号也不一样,这不影响实验结果。

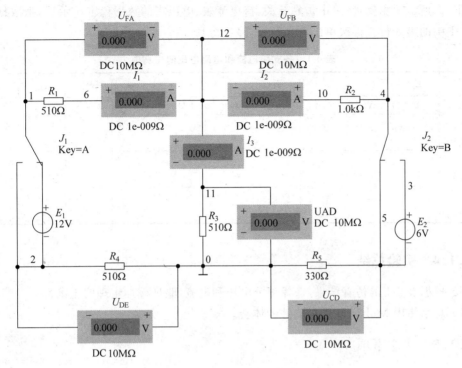

图 4-3　叠加定理电路图

图中的电压表、电流表都可以用数字万用表代替,在使用时要注意对万用表挡位进行正确设置。数字万用表(Multimeter)在"仪器仪表栏"中。双击万用表的图标,在弹出的面板上查看万用表的数据,也可以对挡位进行设置。在测量直流电压或直流电流时,设置在直流挡,如图 4-4(a)所示。在测量交流电压或交流电流时,设置在交流挡,如图 4-4(b)所示。

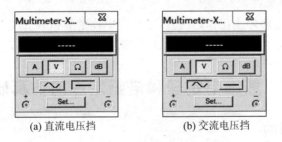

(a) 直流电压挡　　　(b) 交流电压挡

图 4-4　万用表的挡位设置

3. 测量数据

分别按 A 键和 B 键,使开关的连接如图 4-3 所示,此时电路处于电压源 E_1 单独作用状态。单击仿真开关,待电流表、电压表的测量数据稳定后,把数据记录到表 4-1 中的第 1 行。再次单击仿真开关,停止仿真。

分别按 A 键和 B 键一次,使电压源 E_2 单独作用,电源的连接方式与如图 4-3 所示的相反(即 J_1、J_2 的位置都与图 4-3 所示的位置相反)。单击仿真开关,待电流表、电压表的数据稳定显示后,把数据记录到表 4-1 中的第 2 行。再次单击仿真开关,停止仿真。

按 A 键一次,使电压源 E_1 和 E_2 共同作用(即 J_1 的位置与图 4-3 所示的相同,J_2 的位置与图 4-3 所示的相反)。单击仿真开关,待电流表、电压表的数据稳定显示后,把数据记录到表 4-1 中的第 3 行。再次单击仿真开关,停止仿真。

表 4-1 各支路电流和电阻电压的仿真值

仿真值	E_1	E_2	I_1	I_2	I_3	U_{AB}	U_{CD}	U_{AD}	U_{DE}	U_{FA}
单位	V	V	mA	mA	mA	V	V	V	V	V
E_1 单独作用										
E_2 单独作用										
E_1、E_2 共同作用										

4.1.4 实验总结

(1) 根据表 4-1 的仿真结果,选择部分电压和电流,验证叠加定理的正确性。

(2) 总结使用 Multisim 仿真软件的体会。

4.1.5 注意事项

(1) Multisim 软件中的有些元器件符号、单位与我国现行的标准存在差异。例如,电容的单位是 μF,在 Multisim 中用 uF 表示。

(2) 每一个电路中必须有一个接地端,如果没有接地端,通常不能进行仿真分析。

(3) 如果两根导线在交叉处没有连接点,则表示这两根导线在交叉处不相连接。

(4) 为了防止突然断电等原因造成不必要的损失,在建立电路和修改元件标识号的过程中,要及时保存电路文件。

(5) 必须在仿真电路停止工作的时候,才能对电路的参数和开关的状态进行改变,否则仿真电路中各虚拟仪器的测量结果可能会不正确。

4.2 戴维南定理和诺顿定理的仿真研究

4.2.1 实验目的

(1) 熟悉 Multisim 的使用方法。

(2) 利用仿真软件验证戴维南定理和诺顿定理,加深对戴维南定理和诺顿定理的理解。

(3) 学习有源二端网络等效内阻的计算方法,加深对等效电路概念的理解。

4.2.2 实验原理简述

戴维南定理: 任何一个线性有源二端网络,对外电路来说,可以用一个电压为 U_0 的电压源和阻值为 R_0 的电阻的串联组合等效替换。等效电压源的电压 U_0 等于原有源二端网络

的开路电压 U_{OC}，内阻 R_0 等于原有源二端网络中所有独立源置零（电压源短接，电流源开路）后的等效电阻 R_{eq}。该串联组合即为戴维南等效电路。

诺顿定理：任何一个线性有源二端网络，对外电路来说，可以用一个电流源和电阻的并联组合来等效替换。此电流源的电流 I_0 等于这个有源二端网络的短路电流 I_{SC}，其电阻 R_0 等于该网络中所有独立源置零后的等效电阻 R_{eq}。该并联组合即为诺顿等效电路。

4.2.3　实验内容

1. 测量二端网络的外特性

启动 Multisim，在电路窗口中建立如图 4-5 所示电路。注意，R_L 要选用 BASIC VIRTUAL 类型中的 RESISTOR_VIRTUAL 电阻（即虚拟型电阻），以方便修改电阻值。双击虚拟型电阻图标，就可以在弹出的参数设置对话框中设置其阻值。

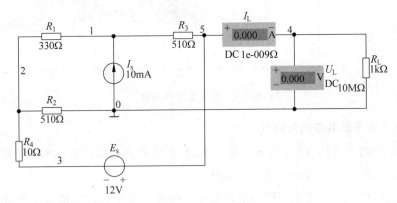

图 4-5　测量二端网络外特性的电路图

按下仿真软件"启动/停止"开关，启动电路。按表 4-2 所列的数值改变负载电阻 R_L 的阻值。测出相应的负载端电压 U_L 与流过负载的电流 I_L，完成表 4-2 前两行的内容。

表 4-2　二端网络与等效电源电路的外特性

负载电阻/Ω 测量项目		0	100	400	500	R_0	550	600	800	1k	2k	5k	∞
二端网络	U_L/V												
	I_L/mA												
戴维南 等效电路	U_L'/V												
	I_L'/mA												
诺顿等 效电路	U_L''/V												
	I_L''/mA												

根据表 4-2 中前两行的数据，记录该有源二端网络在两种特殊状况下的数据：开路电压 U_{OC} 和短路电流 I_{SC}，并计算出等效电阻 R_{eq}，填入表 4-3。

表 4-3　戴维南等效电路参数的仿真值

测量项目	U_{OC}/V	I_{SC}/mA	R_{eq}/Ω（计算）
测量值			

2. 测量戴维南等效电路的外特性

取表 4-3 中的 $U_{OC}(U_O=U_{OC})$ 和 $R_{eq}(R_0=R_{eq})$，在电路窗口中建立如图 4-6 所示电路（选用虚拟型电阻），组成二端网络的戴维南等效电路。

按下仿真软件"启动/停止"开关，启动电路。按表 4-2 所列的数值改变负载电阻 R_L 的阻值。测出相应的负载端电压 U'_L 和流过负载的电流 I'_L，完成表 4-2 中间两行的内容。

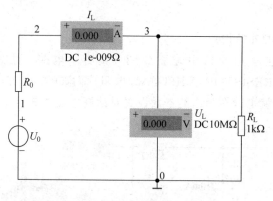

图 4-6　戴维南等效电路

3. 测量诺顿等效电路的外特性

取表 4-3 中的 $I_{SC}(I_O=I_{SC})$ 和 $R_{eq}(R_0=R_{eq})$，在电路窗口中建立如图 4-7 所示电路（选用虚拟型电阻），组成二端网络的诺顿等效电路。

按下仿真软件"启动/停止"开关，启动电路。按表 4-2 所列的数值改变负载电阻 R_L 的阻值。测出相应的负载端电压 U''_L 和流过负载的电流 I''_L，完成表 4-2 后两行的内容。

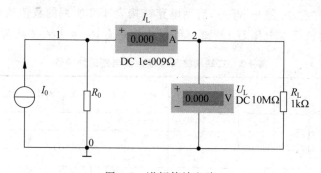

图 4-7　诺顿等效电路

4.2.4　实验总结

（1）根据表 4-2 的测量数据，填写表 4-3 的内容。画出被测二端网络的戴维南等效电路和诺顿等效电路。

（2）根据表 4-2 的测量数据，在**同一方格纸**上绘制被测二端网络的外特性曲线、戴维南等效电路的外特性曲线和诺顿等效电路的外特性曲线，验证戴维南定理和诺顿定理的正确性。

4.2.5　注意事项

（1）负载电阻和等效电阻应选用虚拟型电阻（Virtual Resistor），以方便修改电阻值。

（2）在创建电路图时，注意电压表、电流表的极性。

4.3　RC 一阶电路的仿真研究

4.3.1　实验目的

（1）掌握电容的充电过程和放电过程。

（2）学会用虚拟示波器观察研究一阶动态电路的响应。

（3）学习 RC 一阶电路时间常数的测量方法。

（4）理解微分电路和积分电路的概念。

4.3.2　实验原理简述

动态电路的过渡过程一般都比较短暂，且又是单次的变化过程。要用一般的双通道示波器观察过渡过程和测量时间常数，必须使这种单次的变化过程能重复出现。为此，通常利用信号发生器输出的方波作为阶跃激励信号。方波的上升沿作为 RC 充电过程的开始；方波的下降沿作为 RC 放电过程的开始。只要使方波的周期远远大于电路的时间常数 τ，电路在这样的方波信号作用下，就类似于直流电源的接通和断开。

RC 一阶电路如图 4-8 所示。在 RC 电路的充电过程和放电过程中，电容两端的电压 u_c 分别按指数规律增长和衰减。其变化过程的快慢取决于电路的时间常数 τ。

如果用示波器已测得 RC 电路充放电过程的波形，根据一阶电路的求解方法可得

$$u_c(t) = U_{\mathrm{S}}(1 - e^{-\frac{t}{RC}})$$

当 $t = \tau$ 时，$u_c(\tau) = 0.632U_{\mathrm{S}}$。所以，只要找到 $0.632U_{\mathrm{S}}$ 所对应的点，此时所对应的时间就等于 τ。类似地，放电过程的波形减小到 $0.368U_{\mathrm{S}}$ 所对应的时间也等于时间常数 τ，如图 4-9 所示。

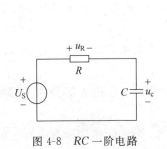

图 4-8　RC 一阶电路

图 4-9　RC 一阶电路的充放电过程

在 RC 串联电路中，在方波信号的作用下，若满足 $\tau \ll T$（T 为方波信号的周期），把电阻 R 两端的电压作为输出信号，就构成了一个微分电路。此时，电路的输出信号与输入信号的

微分成正比。如果把电容两端的电压 u_c 作为输出信号，且满足 $\tau \gg T$，就构成了积分电路。此时，电路的输出信号与输入信号的积分成正比。

4.3.3 实验内容

启动 Multisim，在"基本元件库"中选择电阻和电容元件（选用 BASIC VIRTUAL 类型中的 RESISTOR_VIRTUAL 电阻和 CAPACITOR_VIRTUAL 电容），在窗口右侧的"仪器仪表栏"中选择函数信号发生器 XFG1 和示波器 XSC1，在电路窗口中建立如图 4-10 所示电路，$R_1=1\text{k}\Omega$，$C_1=0.1\mu\text{F}$。示波器测量的分别是信号发生器产生的波形和电容 C_1 两端的电压 u_c。

双击函数信号发生器 XFG1，在弹出的面板框（如图 4-11 所示）中，选择波形为方波；根据参数 R_1、C_1 的值来合理设置信号频率，使 $T \gg \tau$；设置占空比（Duty Cycle）为 50%；信号的幅值（Amplitude）为 1V；偏置电压（Offset）为 1V。注意：函数信号发生器的连接线应接在 Common 端（中间的端子）和"—"端上。

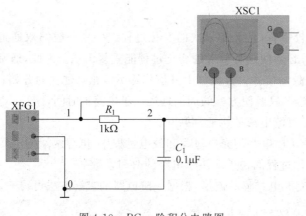

图 4-10　RC 一阶积分电路图

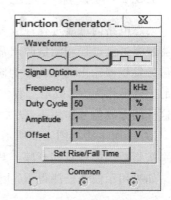

图 4-11　函数信号发生器的
面板设置

双击示波器 XSC1，在弹出的面板框（见图 4-12）中，在 Timebase 中设置 Scale 为 $200\mu\text{s/DIV}$，表示在水平方向上，每一大格代表 $200\mu\text{s}$。在 Channel A 中，设置 Scale 为 1V/DIV，表示通道 A 的信号在 Y 轴上每一大格代表 1V，设置 Y position 为 -2，表示把通道 A 的波形整体向下移动 2 格。同样地，在 Channel B 中，设置 Scale 为 1V/DIV，设置 Y position 为 0。

选中示波器的连接导线，单击鼠标右键，在弹出的对话框中设置导线颜色，即可改变波形的显示颜色。

按下仿真软件"启动/停止"开关，启动电路。当示波器上显示出大部分的波形的时候，再次按下"启动/停止"开关，停止仿真，测量相关参数。

移动显示屏幕上的读数指针，指针上方有三角形标志，把光标移至读数指针上（或三角形标志上），按住鼠标左键可拖动读数指针左右移动。把 1 号读数指针移到方波的上升沿处，把 2 号指针移到通道 B 幅值为 1.246V（0.632×2＝1.264V）处。单击 T1、T2 右边的 ◀▶ 键可以微调两根读数指针。

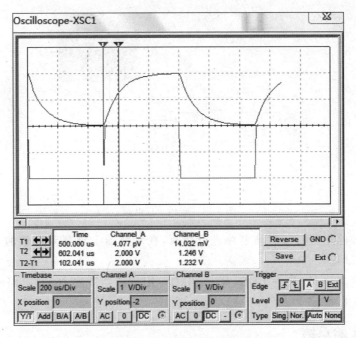

图 4-12　示波器的面板设置

在示波器显示的波形上测量时间常数。同时,根据实验参数,计算 RC 一阶电路的时间常数 $\tau=R_1C_1$。测量值 $\tau=$ _____;计算值 $\tau=R_1C_1=$ _____。

适当增大或减小 C_1(设置 $C_1=0.01\mu$F 或 $C_1=1\mu$F),根据观察到的波形,定性画出相应的波形,说明两个波形的主要差别。

改变 R_1C_1 的位置,在 Multisim 环境下创建如图 4-13 所示一阶 RC 微分电路,参数为 $R_1=1$kΩ,$C_1=0.01\mu$F。观测电阻 R_1 上的波形 u_R,并绘出相应波形。

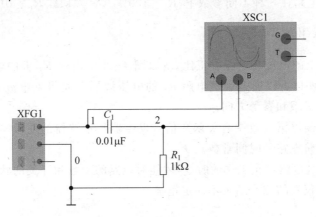

图 4-13　RC 一阶微分电路

适当增大或减小 R_1(设置 $R_1=470\Omega$ 或 $R_1=10$kΩ),用示波器观察对 RC 微分电路响应的影响,定性地画出相应的波形,写出相应结论。

把电容改换为电感,创建如图 4-14 所示一阶 RL 电路,实验参数分别为:$R_1=1$kΩ,$L_1=47$mH。函数信号发生器输出频率为 1kHz,占空比为 50%,幅值为 1V,偏置为 1V 的方波。

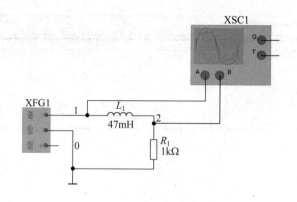

图 4-14　一阶 RL 电路

按下"启动/停止"开关,启动电路进行仿真,在示波器上观察到完整的方波响应 i_L 波形。记录响应波形。

适当增大或减小 R_1($R_1 = 100\Omega$,$R_1 = 10\text{k}\Omega$),用示波器观察 R_L 对电路响应的影响,写出相应结论。

4.3.4　实验总结

(1) 计算 RC 积分电路($R_1 = 1\text{k}\Omega$,$C_1 = 0.1\mu\text{F}$)的时间常数,记录 u_c 的波形,并从图上测出时间常数;

(2) 记录改变电容值($C_1 = 0.01\mu\text{F}$,$C_1 = 1\mu\text{F}$)后的 u_c 波形,说明两个波形的主要区别;

(3) 记录 RC 微分电路在 3 种不同参数下($R_1 = 470\Omega$,$R_1 = 1\text{k}\Omega$,$R_1 = 10\text{k}\Omega$)u_R 的波形;

(4) 记录 RL 电路在 3 种不同参数下($R_1 = 100\Omega$,$R_1 = 1\text{k}\Omega$,$R_1 = 10\text{k}\Omega$)i_L 波形。

4.3.5　注意事项

(1) 由于电阻上的电压与电流成正比,所以图 4-14 中电阻 R_1 上的电压波形与电感电流 i_L 的波形相似,所以可以通过观察电阻 R_1 的电压波形从而得到电流 i_L 的波形,但要注意它们之间的参数关系和参考方向。

(2) 实验前应预习第 2 章中有关函数信号发生器和示波器的面板操作方法,学会通过读数指针来测量一阶电路的时间常数。

(3) 必须在仿真电路停止工作的时候,才能对电路的参数和开关的状态进行改变,否则仿真电路中各虚拟仪器的测量结果不一定正确。

4.4　正弦稳态交流电路的仿真研究

4.4.1　实验目的

(1) 加深理解正弦交流电路中电压、电流相量之间的关系。

(2) 加深理解功率的概念及感性负载电路提高功率因数的意义并掌握其方法。

（3）了解日光灯电路的工作原理,掌握日光灯电路的接线。

（4）学会使用虚拟瓦特表测量有功功率,进一步提高对仿真软件的应用能力。

4.4.2　实验原理简述

1. RC 串联移相电路

如图 4-15 所示为 RC 串联移相电路。电阻电压$\dot{U}_R$ 与电容电压$\dot{U}_C$ 始终保持 $90°$的相位差,当改变电阻 R(或改变电容 C)时,整个电路的相位会随之发生变化,电阻电压$\dot{U}_R$ 的相量轨迹是一个半圆,电源电压$\dot{U}_S$、电容电压$\dot{U}_C$ 与电阻电压$\dot{U}_R$ 构成一个直角电压三角形。

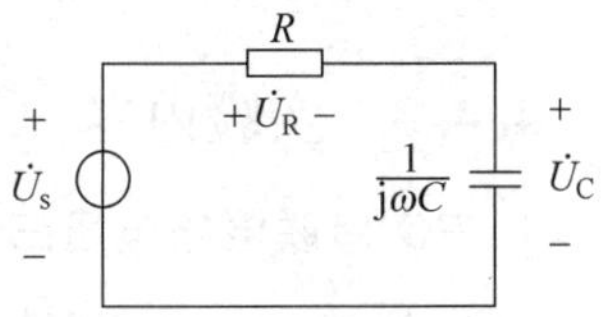

图 4-15　RC 串联移相电路

电容电压$\dot{U}_C$ 和电源电压$\dot{U}_S$ 之间的关系为

$$\frac{\dot{U}_C}{\dot{U}_S} = \frac{\frac{1}{\mathrm{j}\omega C}}{R + \frac{1}{\mathrm{j}\omega C}} = \frac{1}{1 + \mathrm{j}\omega RC} = \frac{1}{\sqrt{1 + (\omega RC)^2}} \angle - \arctan(\omega RC)$$

上式表明,电源电压$\dot{U}_S$ 和电容电压$\dot{U}_C$ 之间存在一定的相位差,如果改变电容 C 或电阻 R 的数值,该相位差会随之发生变化。适当地选取电阻 R 或电容 C 的数值,即可控制电容电压$\dot{U}_C$ 和电源电压$\dot{U}_S$ 之间的相位差。

2. 日光灯电路及其功率因数的提高

当电路的功率因数 $\cos\varphi$ 较低时,会带来两方面的不利因素:在供电设备的容量一定时,使得供电设备(如发电机、变压器等)的容量得不到充分的利用;在负载有功功率不变的情况下,会使得线路上的电流增大,从而使线路损耗增加。因此,提高电路的功率因数有着十分重要而且显著的经济意义。

对于感性负载电路,通常采用在负载端并联电容器的方法,用电容器的容性电流补偿感性负载中的感性电流,从而提高功率因数。

日光灯电路是一种感性负载,其具体的工作原理请参考 3.2 节中的相关描述。日光灯正常工作后,灯管可以近似认为是一个电阻性负载,而镇流器是一个铁心线圈,可以看做是一个电感较大的感性负载,二者构成一个感性电路,等效电路如图 4-16 所示。

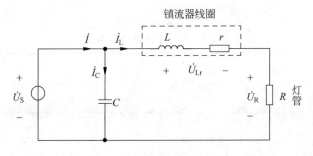

图 4-16　日光灯正常工作后的等效电路

165

日光灯的功率因数较低(电容 $C=0$ 时),一般在 0.6 以下,且为感性电路,因此往往采用并联电容器的方法来提高电路的功率因数。由于电容支路的电流 $\dot{I}_C$ 超前于电压 $\dot{U}_C$ 90°,抵消了日光灯支路电流中的一部分无功分量,使电路总电流减少,从而提高了电路的功率因数。当电容增加到一定值时,电容电流等于感性无功电流,总电流下降到最小值,此时,整个电路呈现纯电阻性,$\cos\varphi=1$。若再继续增加电容量,总电流 I 反而增大了,整个电路呈现电容性,功率因数反而又降低了。

4.4.3 实验内容

1. RC 串联电路电压三角形的测量

启动 Multisim,在"基本元件库"中选择电阻和电容元件,在"电源库"中选择交流电源(AC_POWER),在"指示元件库"中选择电压表(VOLTMETER),在电路窗口中建立如图 4-17 所示电路。单击交流电源 u_s 图标,在 Value 选项卡中设置电源电压的有效值(Voltage)为 220V,频率(Frequency)为 50Hz。分别单击 3 个电压表,在 Value 选项卡中把电压表设置为交流电压表(即把 Mode 选项中的 DC 改为 AC),其他参数分别设置为:$R_1=3226.7\Omega$,$C_1=4.7\mu F$。

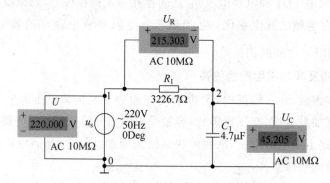

图 4-17 RC 移相仿真电路

启动仿真电路,把 3 个电压表的读数记录在表 4-4 中。

把电阻值改为 $R_1=1613.3\Omega$,再次启动仿真电路,把 3 个电压表的读数记录在表 4-4 中。利用测得的 U_R 和 U_C 计算 U' 和 φ。

利用上述两次仿真结果,验证 U_R 相量轨迹。

表 4-4　电压三角形的仿真值

电阻	测量值			计算值	
	U/V	U_R/V	U_C/V	U'/V	φ
$R_1=3226.7\Omega$					
$R_1=1613.3\Omega$					

2. 日光灯电路及其功率因数的提高

启动 Multisim,在"基本元件库"中选择电阻、电感、电容和开关元件,在"电源库"中选择交流电源(AC_POWER),在"指示元件库"中选择电流表(AMMETER),在窗口右侧的"仪器仪表栏"中选择瓦特表(Wattmeter),在电路窗口中建立如图 4-18 所示电路。设置交流电源电压的有效值为 220V,频率为 50Hz。把电流表设置为交流表,其他参数如图 4-18 所示。

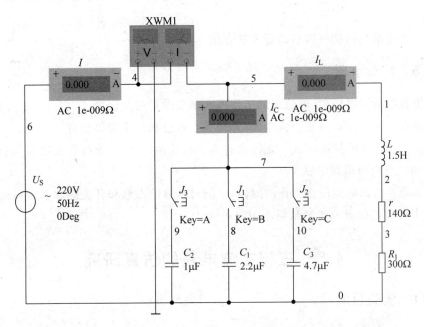

图 4-18　日光灯仿真电路

双击瓦特表图标,弹出瓦特表的面板,从面板上可以读取有功功率 P 和功率因数 $\cos\varphi$。

按下仿真软件"启动/停止"开关,启动仿真电路,分别读取 I、I_L、I_C 和瓦特表中功率 P 和功率因数 $\cos\varphi$,记录在表 4-5 第一列中。

再次按下"启动/停止"开关,停止仿真。单击键盘的字母 A 键、B 键和 C 键,通过 3 个开关的不同组合,使并联电容 C 的大小满足表 4-5 中的要求。启动仿真电路后,测量相应的电流、功率和功率因数,记录在表 4-5 中。

表 4-5　不同补偿电容时的测量值

	并联电容 $C/\mu F$	0	1	2.2	3.2	4.7	5.7	6.9	7.9
测量值	I/A								
	I_L/A								
	I_C/A								
	P/W								
	$\cos\varphi$								

4.4.4　实验总结

(1) 根据表 4-4 中测出的 U_R 和 U_C,计算端口电压 U'。

(2) 根据表 4-5 中的实验数据,在**同一方格纸**上画出不同并联电容时的电压、电流相量图。

(3) 根据表 4-5 中的实验数据,分析在增加并联电容时,各支路电流和端口总功率的变化规律。

(4) 讨论提高电路功率因数的意义和方法。

4.4.5　注意事项

(1) 仿真电路中电压表、电流表的工作模式都要设置为交流表。

(2) 仿真电路中的电源是交流电源,要对其有效值和频率加以设置。

(3) 注意瓦特表的接线方式。瓦特表有 4 个引线端口,电压正极和负极应与负载并联,电流正极和负极应与负载串联。

(4) 必须在仿真电路停止工作的时候,才能对电路的参数和开关的状态进行改变,否则仿真电路中各虚拟仪器的测量结果不一定正确。

4.5　三相交流电路的仿真研究

4.5.1　实验目的

(1) 利用仿真软件,验证三相对称负载星形、三角形联接时,线电压和相电压,线电流和相电流之间的关系。

(2) 了解三相四线制供电系统中中线的作用。

(3) 掌握利用虚拟瓦特表测量三相功率的方法。

4.5.2　实验原理简述

三相负载根据其额定值和电源电压,可作星形(Y)联接或三角形(△)联接。对称三相负载作 Y 联接时,$U_1 = \sqrt{3} U_P$,$I_1 = I_P$,中线电流 $I_0 = 0$,可以不接中线;对称三相负载作 △ 联接时,$U_1 = U_P$,$I_1 = \sqrt{3} I_P$。U_1、U_P 分别为线电压和相电压,I_1、I_P 分别为线电流和相电流。

不对称三相负载作 Y 联接时,中线电流 $I_0 \neq 0$,为保证负载相电压对称,必须要有中线,这时仍有 $U_1 = \sqrt{3} U_P$。如果无中线,则 $U_1 \neq \sqrt{3} U_P$,负载较小的那一相相电压较高,相电压不对称,使负载不能正常工作。

不对称三相负载作△联接时,$I_1 \neq \sqrt{3} I_P$。这时只要电源 3 个线电压对称,不对称负载的 3 个相电压仍对称,对电器设备没有影响。

三相负载消耗的总功率等于每相负载消耗的功率之和。对于任何三相负载,都可以采用三瓦特表法测量功率。对于三相三线制电路,不论负载对称还是不对称,是星形接法还是三角形接法,都可以采用二瓦特表测量其功率。

具体的实验原理请参阅 3.3 节的相关内容。

4.5.3 实验内容

1. 星形联接的三相负载

启动 Multisim,在"指示元件库"中选择虚拟灯泡(Virtual_Lamp)放置在电路工作窗口。单击灯泡图标,在 Value 选项卡中设置 Maximum Rated Voltage 为 220V,Maximum Rated Power 为 15W。

在"机电类元件库"中选择 Momentary Switches,放置 3 个 PB_NO 开关,单击每个开关元件,在 Value 选项卡中设置 Key for Switch 分别为 A、B 和 C,这样就可以通过按动键盘上的字母 A(或字母 B、字母 C)来改变开关的断开或闭合(注意:必须使键盘处于英文输入状态)。

在"电源库"中选择三相交流电源(THREE_PHASE_WYE),设置三相交流电源的相电压的有效值(Voltage(L-N,RMS))为 127V,频率(Frequency(F))为 50Hz。

在"指示元件库"中选择电流表(AMMETER)和电压表(VOLTMETER),单击电流表(或电压表),在 Value 选项卡中设置 Mode 为 AC,把电流表和电压表设置在交流挡。在窗口右侧的"仪器仪表栏"中选择瓦特表(Wattmeter),在电路窗口中建立如图 4-19 所示电路。

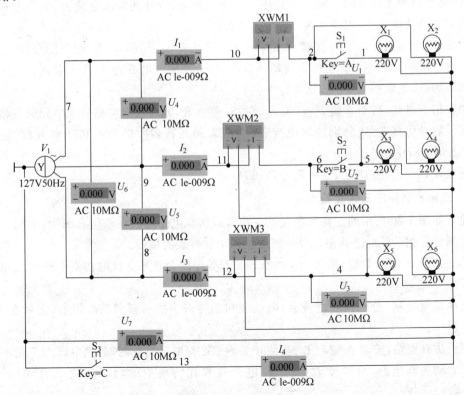

图 4-19 星形联接的三相负载仿真电路图

在英文输入状态下,分别按下字母 A、B 和 C,使开关 S_1、S_2 和 S_3 都处于闭合状态,此时仿真电路为有中线的三相对称电路。

按下仿真软件"启动/停止"开关,启动仿真电路,分别读取电流表、电压表和瓦特表中的功率和功率因数,记录在表 4-6 的第 1 行中。

表 4-6　星形负载时的仿真值

测量项目\\负载情况	电源线电压			负载相电压			电流			中线		三瓦特表法测量功率			
										电压	电流				
	U_4 /V	U_5 /V	U_6 /V	$U_{1'}$ /V	$U_{2'}$ /V	$U_{3'}$ /V	I_1 /A	I_2 /A	I_3 /A	$U_{7'}$ /V	I_4 /A	P_1 /W	P_2 /W	P_3 /W	计算 $P_总$ /W
对称有中线															
对称无中线															
不对称有中线															
不对称无中线															

再次按下仿真软件"启动/停止"开关,停止仿真。按动 C 键,使开关 S_3 处于断开状态。此时,仿真电路为无中线的三相对称电路。启动仿真电路,分别读取电流表、电压表和瓦特表中的功率和功率因数,记录在表 4-6 的第 2 行中。

停止仿真电路,分别按动 A 键、B 键和 C 键,使开关 S_1、S_2 断开,开关 S_3 闭合,此时仿真电路为有中线的三相不对称电路。启动仿真电路,分别读取电流表、电压表和瓦特表中的功率和功率因数,记录在表 4-6 的第 3 行中。

停止仿真电路,按动 C 键,使开关 S_1、S_2、S_3 都断开,此时仿真电路为无中线的三相不对称电路。启动仿真电路,分别读取电流表、电压表和瓦特表中的功率和功率因数,记录在表 4-6 的第 4 行中。

最后计算三相总功率: $P_总 = P_1 + P_2 + P_3$。

2. 三角形联接的三相负载

建立如图 4-20 所示的三角形联接的三相负载仿真电路图。在该仿真图中,采用二瓦特表法来测量三相负载的总功率。要特别注意两个瓦特表的接线。

按下字母 A 键和 B 键,使 S_1、S_2 两个开关都处于闭合状态。此时仿真电路为三相对称电路。

启动仿真电路,分别读取电流表、电压表和瓦特表中的功率和功率因数,记录在表 4-7 的第 1 行中。

停止仿真电路,按动 A 键和 B 键,使开关 S_1、$S2$ 都断开。此时,仿真电路为三相不对称电路。启动仿真电路,分别读取电流表、电压表和瓦特表中的功率和功率因数,记录在表 4-7 第 2 行中。

最后计算三相总功率: $P_总 = P_1 + P_2$。

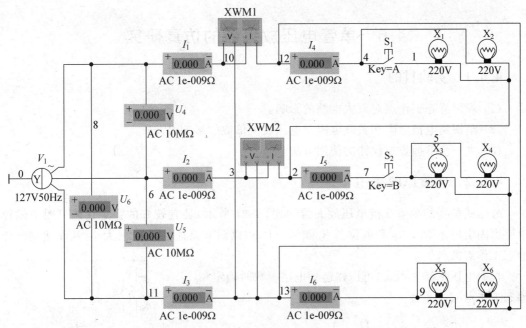

图 4-20　三角形联接的三相负载仿真电路图

表 4-7　三角形负载时的仿真值

测量项目	电压			线 电 流			相 电 流			二瓦特表法测功率		
负载情况	U_4 /V	U_5 /V	U_6 /V	I_1 /A	I_2 /A	I_3 /A	I_4 /A	I_5 /A	I_6 /A	P_1 /W	P_2 /W	计算 $P_总$ /W
对称												
不对称												

4.5.4　实验总结

（1）在星形联接的三相不对称负载时，每相负载上分别接了几个灯泡？开关 S_3 起什么作用？

（2）计算表 4-6 和表 4-7 中的总功率。

（3）根据表 4-6 的数据，分析在不同负载和连接方式的 4 种情况下，电流、负载相电压、中线电流、中线电压、每相功率与负载、中线的关系。说明中线的作用。

（4）根据表 4-7 的数据，分析在负载对称和不对称两种情况下，线电流、相电流、两个瓦特表的读数与负载的关系。

（5）总结在对称负载时，线电压与相电压、线电流与相电流之间的关系。

4.5.5　注意事项

（1）三相电源的电压（相电压）必须设置为 127V。

（2）仿真电路中使用的电压表、电流表的工作模式都必须设置为交流。

（3）特别注意功率表的接线方式。

4.6 单管电压放大器的仿真研究

4.6.1 实验目的

(1) 理解静态工作点对放大电路的影响。
(2) 掌握集电极电阻和负载电阻对电压放大倍数的影响。
(3) 进一步掌握虚拟仪器的使用方法。

4.6.2 实验原理简述

分压式偏置的单管交流电压放大器(如图 4-21 所示)具有较好的稳定性能。图中偏置电路由固定电阻 R_{b1}、R_{b2} 和电位器 R_w 组成。R_w 用以调节偏置电阻 R_b 的大小,从而达到改变静态工作点的目的。

根据电压平衡方程式,可以在已知电路参数时确定静态工作点 Q。此时

$$U_B = \frac{R_{b2}}{R_b + R_{b2}} U_{cc}$$

$$I_B = \frac{U_B - U_{be}}{R_e}, \quad I_c = \beta I_B$$

$$U_{CE} = U_{cc} - I_c \cdot R_c - I_E \cdot R_e$$

$$\approx U_{cc} - I_c \cdot (R_c + R_e)$$

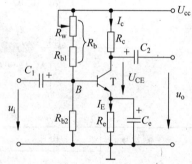

图 4-21 单管交流电压放大电路

单管电压放大电路的交流电压放大倍数,可以通过交流微变等效电路来求得

$$A_u = \frac{u_o}{u_i} = -\beta \frac{R_C // R_L}{r_{be}}$$

式中

$$r_{be} \approx 300 + (1 + \beta) \frac{26(\text{mV})}{I_E(\text{mA})}$$

从计算公式中可以看出,放大器的放大倍数与静态工作点(I_E)、集电极电阻 R_C 和负载电阻 R_L 有关。

详细的实验原理请见 3.6 节的相关内容。

4.6.3 实验内容

1. 测量静态工作点

启动 Multisim,在"三极管库"(Transistor)中选择 NPN 型三极管(BJT_NPN),放置三极管 2N2222。

在"基本元件库"中选择 BASIC VIRTUAL,放置电位器(POTENTIOMETER VIRTUAL),单击该电位器图标,在 Value 选项卡中设置:Key = A,Increment = 5%,Resistance=20kΩ,表示电位器的最大阻值为 20kΩ,用字母 A 键来改变电位器的阻值(按一次字母 A 键,阻值增加 5%,按下 Shift+A 组合键,阻值减小 5%)(注意:必须使键盘处

于英文输入状态)。在需要微调电位器时,可以设置 Increment＝1％,这样每按一次 A 键,阻值增加 1％。

在电路窗口中建立如图 4-22 所示电路。注意:电容 C_1 左侧接地(输入信号为零),开关 S_1 打向右侧(集电极电阻为 4.3kΩ),S_2 断开(不接负载电阻)。电压表和电流表的工作方式为直流。

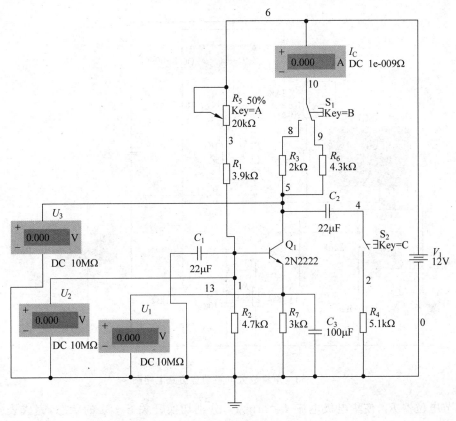

图 4-22　单管放大电路静态仿真电路图

启动仿真电路,调节电位器 R_5 的阻值(按字母 A 键或 Shift＋A 组合键),使电流表 I_C 的读数接近 1mA。读取电压表和电流表的数值,记录在表 4-8 的第 2 行中(即"R_w适中"所在行)。

表 4-8　静态工作点的仿真值

参数 条件	U_1/V	U_2/V	U_3/V	I_C/mA	计算		晶体管工作状态 (截止/放大/饱和)
					U_{BE}	U_{CE}	
R_w最小							
R_w适中							
R_w最大							

把电位器 R_5 调到最小(或最大),把各表的数据分别记录在表 4-8 的第 1 行和第 3 行中。

2．研究集电极电阻 R_C、负载电阻 R_L 对电压放大倍数的影响

对图 4-22 适当修改,并在窗口右侧的"仪器仪表栏"中选择函数信号发生器 XFG1 和示波器 XSC1,建立如图 4-23 所示的动态仿真电路。注意:图中电流表 I_C 的模式为直流,两个电压表的模式为交流。信号发生器的参数设置如下:频率(Frequency)为 5kHz,幅值(Amplitude)为 7mV。示波器用来观察输入端和输出端的信号。

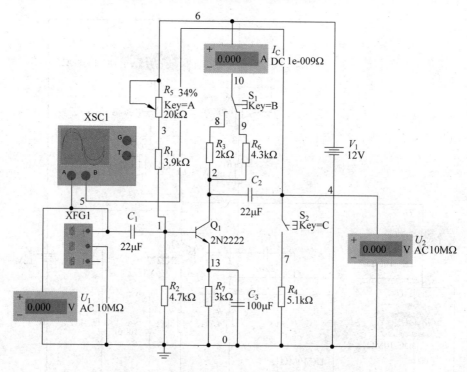

图 4-23　单管放大电路动态仿真电路图

调节电位器 R_5,使集电极电流 $I_C \approx 1\text{mA}$。分别切换开关 S_1、S_2 的状态,完成表 4-9 的内容。

表 4-9　集电极电阻 R_C、负载电阻 R_L 对电压放大倍数的影响

R_L	R_C	U_1	U_2	计算 $A_u = U_1/U_2$
不接(S_2 断开)	2kΩ(S_1 在左侧)			
不接(S_2 断开)	4.3kΩ(S_1 在右侧)			
5.1kΩ(S_2 闭合)	4.3kΩ(S_1 在右侧)			

3．研究静态工作点对放大器工作性能的影响

在图 4-23 所示电路中,单击电位器 R_5 的图标,在 Value 选项卡中设置 Resistance=30kΩ(Key=A,Increment=5％或1％)。

(1) 改变静态工作点(调节电位器 R_5 的阻值),在保证输出信号不失真的前提下,观察放大器的电压放大倍数的变化情况,取输入信号 $f=5\text{kHz}$,$u_i=7\text{mV}$ 不变,完成表 4-10 中的内容($R_C=4.3\text{kΩ}$,不接负载电阻)。

表 4-10 静态工作点对放大器工作性能的影响

I_C/mA	0.3	0.5	0.8	1	1.2
U_o/mV					
$A_u=U_o/U_i$					

（2）观察改变静态工作点对输出电压波形的影响。取输入信号 $f=5kHz$，$u_i=21mV$，用示波器观察 u_o 的变化（$R_C=4.3k\Omega$，不接负载电阻）。改变静态工作点，直到输出电压波形失真。把观察到的波形绘制在表 4-11 中，并判断失真波形的性质。若截止失真不明显，可适当增大输入信号 u_i，使放大器的输出电压产生明显的截止失真。

表 4-11 静态工作点对输出电压波形的影响

条 件	R_W适中，$I_C=1mA$	R_W阻值最大	R_W阻值最小
输出波形	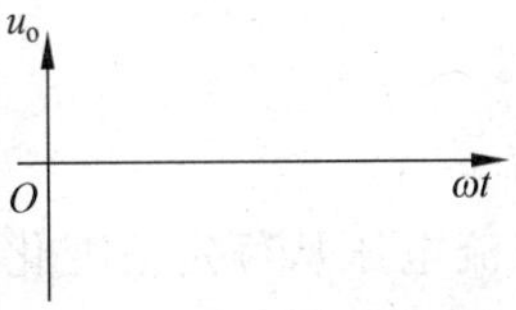	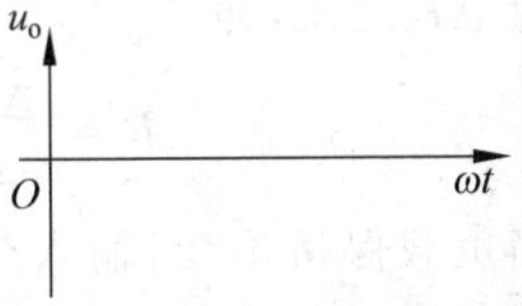	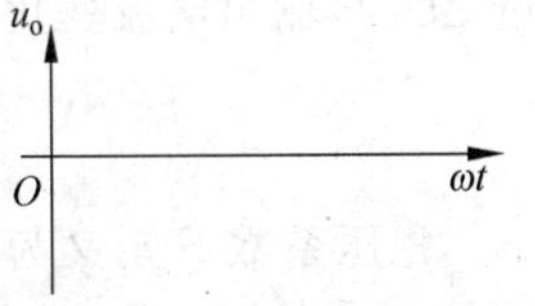
晶体管工作状态（截止/放大/饱和）			

4.6.4 实验总结

（1）根据表 4-8 测得的数据，分析偏置电阻的大小对三极管工作状态的影响。

（2）根据表 4-9 测得的数据，分析集电极电阻与负载电阻对放大倍数的影响。

（3）根据表 4-10 测得的数据，分析静态工作点对放大倍数的影响。

（4）根据表 4-11 测得的波形，分析静态工作点对输出电压波形的影响。

4.6.5 注意事项

（1）根据电位器调节精度的要求，及时修改电位器的调节幅度（Increment）。

（2）在实验过程中，要根据实验要求调节信号发生器输出电压的幅值。

（3）正确设置电压表和电流表的工作模式（电流表为直流，电压表为交流）。

4.7 直流稳压电源的仿真研究

4.7.1 实验目的

（1）掌握桥式整流器的工作原理。

（2）理解整流、滤波的作用。

（3）掌握稳压电路的工作原理。

4.7.2 实验原理简述

单相全波整流电路如图 4-24 所示。其主要性能指标为输出直流电压 U_L 和纹波系数 γ。

对于无滤波电路的单相全波整流电路,输出直流电压 $U_L=0.9U_2$,在电容滤波条件下,$U_L \approx 1.2U_2$。纹波系数是用来表征整流电路输出电压的脉动程度,定义为输出电压中交流分量有效值(又称纹波电压)与输出电压平均值 U_L 之比,即 $\gamma = \tilde{U}_L/U_L$,显然,γ 值越小越好。

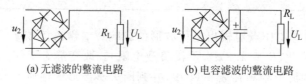

(a) 无滤波的整流电路 (b) 电容滤波的整流电路

图 4-24 单相全波整流电路

稳压电源的主要性能指标为输出电压调节范围、输出电阻 R 和稳压系数 S。

输出电阻 R 定义为当输入交流电压 U_2 保持不变,由于负载变化而引起的输出电压变化量 ΔU_L 与输出电流变化量 ΔI_L 之比,即

$$R = \frac{\Delta U_L}{\Delta I_L}$$

稳压系数 S 定义为当负载保持不变,输入交流电压从额定值变化 $\pm 10\%$,输出电压的相对变化量 ΔU_L 与输入交流电压相对变化量 ΔU_2 之比,即

$$S = \frac{\Delta U_L}{\Delta U_2}$$

显然,输出电阻 R 及稳压系数 S 越小,输出电压越稳定。

4.7.3 实验内容

1. 单相桥式整流、滤波电路

在"二极管库(Diodes)"中选择 FWB,放置"1B4B42"桥式整流电路 D1。在"电源库(Source)"中选择 POWER_SOURCES,放置交流电源(AC_POWER)U2,单击该交流电源图标,设置 Voltage(RMS)为 13.5V,频率 Frequency 为 50Hz。

在"基本元件库(Basic)"中选择基本虚拟元件(BASIC_VIRTUAL),放置虚拟电阻(RESISTOR_VIRTUAL)R₁。

在窗口右侧"仪器仪表栏"中选择数字万用表(Multimeter)并放置在电路工作窗口。双击万用表的图标,在弹出的面板上可以对挡位进行设置,也可查看万用表的数据。在测量输出电压平均值 U_L 时,设置在直流电压挡,如图 4-25(a)所示;在测量输出电压中的交流分量有效值(纹波)$\tilde{U}_L$ 时,设置在交流电压挡,如图 4-25(b)所示。

(a) 直流电压挡 (b) 交流电压挡

图 4-25 万用表不同挡位的设置示意图

在窗口右侧的"仪器仪表栏"中选择示波器 XSC1,并放置在电路工作窗口。按要求连接各元件,在电路窗口中建立如图 4-26 所示电路。测量输出电压平均值 U_L 和输出电压中的交流分量有效值(纹波)$\widetilde{U}_L$,把测量得到的数据和观察到的负载电压的波形记录在表 4-12 的第 1 行中。

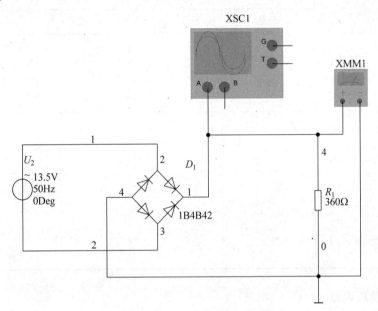

图 4-26　桥式整流电路仿真电路图

在图 4-26 的基础上,在负载电阻两端并联电容 C_1($100\mu F$),构成电容滤波的整流电路,如图 4-27 所示。把测量得到的数据和波形记录在表 4-12 的第 2 行中。

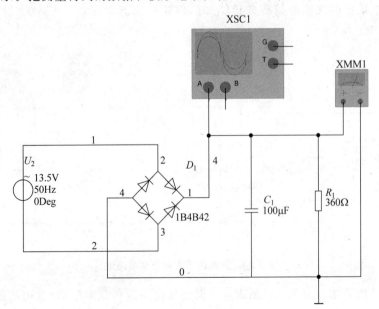

图 4-27　电容滤波的桥式整流电路仿真电路图

在图 4-27 的仿真电路图中，改变滤波电容 C_1 的值，使 $C_1 = 470\mu\text{F}$，把测量得到的数据和波形记录在表 4-12 的第 3 行中。

表 4-12　（$R_L = 360\Omega$，$U_2 = 13.5\text{V}$）桥式整流、滤波电路

电　路　图	测量结果			计算值
	U_L/V	$\widetilde{U}_L/V$	u_L 波形	γ

2．直流稳压电源

在图 4-27 的基础上，在"混合元件库（Miscellan）"中选择"电压调节器（VOLTAGE_REGULATOR）"，放置 MC7812ACT。在电路窗口中建立如图 4-28 所示电路。万用表 XMM1 的设置与实验内容 1 相同（即在测量输出电压平均值 U_L 时，设置在直流电压挡，在测量输出电压中的交流分量有效值 $\widetilde{U}_L$ 时，设置在交流电压挡），XMM2 设置为直流电流挡。

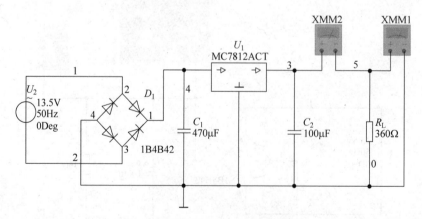

图 4-28　直流稳压电源仿真电路图

按表 4-13 的要求改变负载电阻 R_L，分别测量在不同负载电阻（负载电阻断开，相当于 $R_L = \infty$）时的 U_L、$\widetilde{U}_L$ 和 I_L。

表 4-13 直流稳压电源的输出电阻($U_2 = 13.5V$)

负 载	测 量 结 果			输 出 电 阻
R_L/Ω	U_L/V	$\tilde{U}_L/mV$	I_L/mA	$R = \dfrac{\Delta U_L}{\Delta I_L}$
∞				
360				
180				

在图 4-28 中,取负载电阻 $R_L = 180\Omega$ 不变。改变 U_2,完成表 4-14 的测量。

表 4-14 直流稳压电源的稳压系数($R_L = 180\Omega$)

电源 U_2/V	测量结果		稳压系数
	U_L/V	$\tilde{U}_L/mV$	$S = \dfrac{\Delta U_L}{\Delta U_2}$
12			
13.5			
14.5			

4.7.4 实验总结

(1) 整流电路在无滤波电容、滤波电容 $C_1 = 100\mu F$ 和滤波电容 $C_1 = 470\mu F$ 这 3 种不同情况时,负载电阻上的波形有什么不同? 说明滤波电容的作用。

(2) 直流稳压电源中增加了集成稳压器(MC7812ACT)后,输出电压的纹波幅值有什么变化?

(3) 计算表 4-12 的纹波系数 γ、表 4-13 中的输出电阻 R 和表 4-14 中的稳压系数 S。

(4) 根据表 4-12 中的数据,分析单相桥式整流电路输出电压平均值 U_L 和输入交流电压有效值 U_2 之间的数量关系。

4.7.5 注意事项

(1) 正确设置图 4-28 中两个万用表的挡位。特别是万用表 XMM1 在测量 U_L 和 $\tilde{U}_L$ 时,要切换到不同的挡位。

(2) 双击万用表的图标,在弹出的面板上可以对挡位进行设置,也可查看万用表的数据。

4.8 集成运算放大器的仿真研究

4.8.1 实验目的

(1) 掌握集成运算放大器的几种基本运算电路。

(2) 了解集成运算放大器的非线性应用。

4.8.2 实验原理简述

集成运算放大器是一种高增益、高输入电阻的直流放大器。本实验中采用 AD741 型集成运放，其引脚配置如图 4-29 所示。

由于集成运算放大器具有高增益、高输入电阻的特点，它组成运算电路时，必须工作在深度负反馈状态，此时输出电压与输入电压的关系取决于反馈电路的结构与参数。把集成运算放大器与不同的外部电路连接，可以实现比例、加法、减法等数学运算。

电压比较器是运算放大器的一种非线性应用。本实验中采用 LM339 型集成电压比较器。LM339 集成元件内含 4 组独立的电压比较器，其引脚配置如图 4-30 所示。在仿真时可任意选择使用其中的一个。

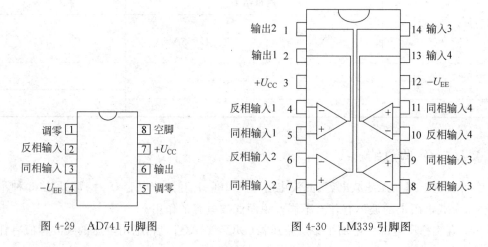

图 4-29　AD741 引脚图　　　　　图 4-30　LM339 引脚图

4.8.3 实验内容

1. 反相比例运算电路

在"模拟元件库（Analog）"中选择"运算放大器（OPAMP）"，放置 AD741CH。

在"电源库（Source）"中选择"电源（POWER_SOURCES）"，放置两个直流电压源（DC_POWER）E_1、E_2 和输入信号源 u_i。

在"基本元件库"中选择 BASIC VIRTUAL，放置电位器（POTENTIOMETER VIRTUAL）。单击该电位器图标，在 Value 选项卡中设置 Key＝A，Increment＝5%，Resistance＝10kΩ。

在"基本元件库（Basic）"中选择基本虚拟元件（BASIC_VIRTUAL），放置虚拟电阻（RESISTOR_VIRTUAL）R_1、R_2 和 R_F。

在"仪器仪表栏"中选择数字万用表（Multimeter）并放置在电路工作窗口。双击万用表的图标，把万用表设置在直流电压挡。

按要求连接各元件，在电路窗口中建立如图 4-31 所示的反相比例运算电路。

改变输入信号 u_i 的大小，测量相应的输出电压 u_o，记录在表 4-15 中。

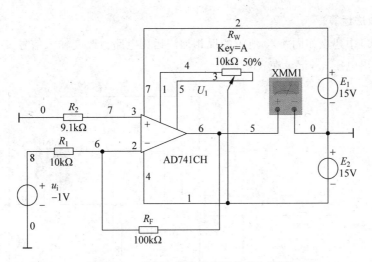

图 4-31 反相比例运算电路仿真电路图

表 4-15 反相比例运算

u_i/V	-1	-0.5	0	0.5	1
u_o/V					
$A_F = u_o/u_i$					

2. 同相比例运算电路

在电路窗口中建立如图 4-32 所示的同相比例运算电路。改变输入信号 u_i 的大小,测量相应的输出电压 u_o,记录在表 4-16 中。

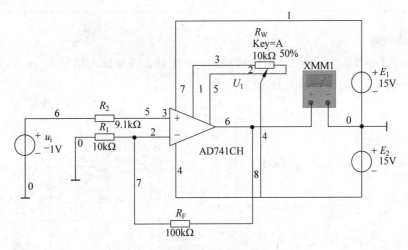

图 4-32 同相比例运算电路仿真电路图

表 4-16 同相比例运算

u_i/V	-1.0	-0.5	0	0.5	1.0
u_o/V					
$A_F = u_o/u_i$					

181

3. 反相加法运算

在电路窗口中建立如图 4-33 所示的反相加法运算电路。改变输入信号 u_{i1}、u_{i2} 的大小，测量相应的输出电压 u_o，记录在表 4-17 中。

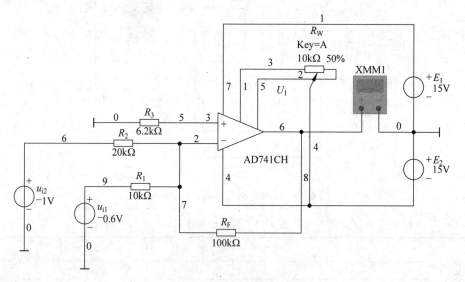

图 4-33　反相加法运算电路仿真电路图

表 4-17　反相加法运算

u_{i1}/V	-0.6	-0.4	-0.2	0	0.5
u_{i2}/V	-1.0	-0.5	0	0.5	1.0
u_o/V					

4. 减法运算

在电路窗口中建立如图 4-34 所示的减法运算电路。改变输入信号 u_{i1}、u_{i2} 的大小，测量相应的输出电压 u_o，记录在表 4-18 中。

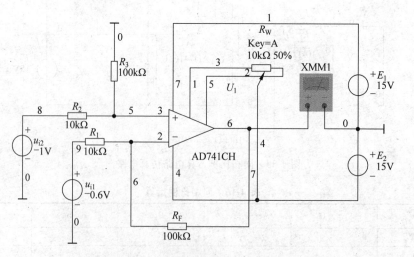

图 4-34　减法运算电路仿真电路图

表 4-18 减法运算

u_{i1}/V	-0.6	-0.4	-0.2	0	0.5
u_{i2}/V	-1.0	-0.5	0	0.5	1.0
u_o/V					

5. 电压比较器

在"模拟元件库(Analog)"中选择"比较器(COMPARATOR)",放置 LM339N。在弹出的窗口中点击 A,表示使用这个器件中的第 1 个比较单元(LM339 中共有 4 个比较单元,见图 4-30)。

在窗口右侧的"仪器仪表栏"中选择函数信号发生器 XFG1 和示波器 XSC1。

把集成运算放大器 AD741 改换为电压比较器 LM339,按图 4-35 接线,比较器的同相输入端(5 号引脚)接直流电压 U_R($U_R = -0.5V$),反相输入端(4 号引脚)接正弦信号 u_i($f = 500\text{Hz}$,幅值 1.414V)。用示波器观察 u_o 的波形,并记入表 4-19 中。

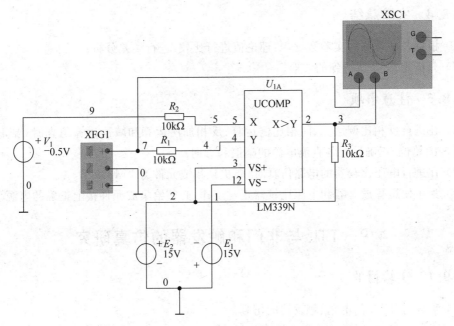

图 4-35 电压比较器仿真电路图

按表 4-19 的要求改变 U_R 的电压值,把观察到的波形记录在表 4-19 中。

把直流电压 U_R 和函数信号发生器的位置互换,即比较器的反相输入端接直流电压 U_R,同相输入端接正弦信号。用示波器观察 u_o 的波形,并记录在表 4-19 中。

表 4-19 电压比较器输入输出波形

U_R/V	$-0.5V$	$0V$	$+0.5V$
u_i 的波形			

续表

U_R/V	$-0.5V$	$0V$	$+0.5V$
u_i 接反相端时 u_o 的波形	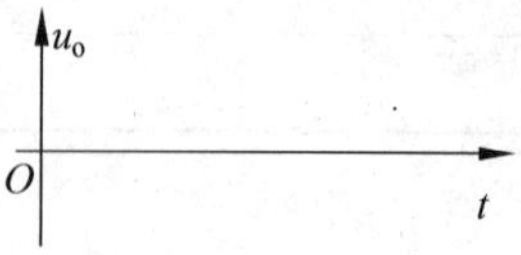	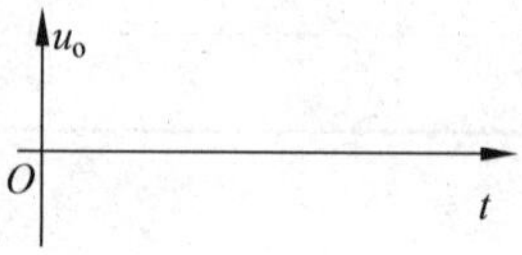	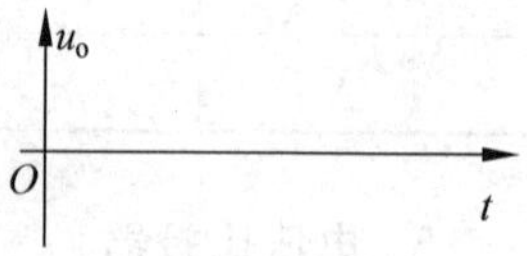
u_i 接同相端时 u_o 的波形	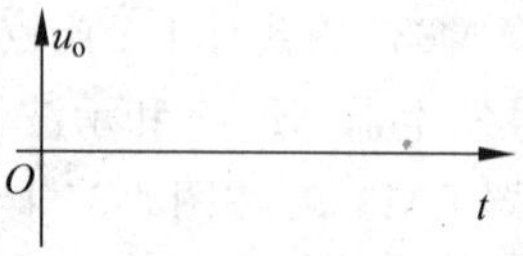	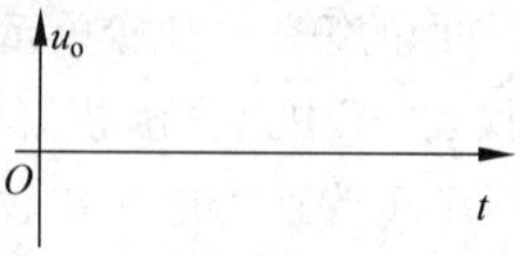	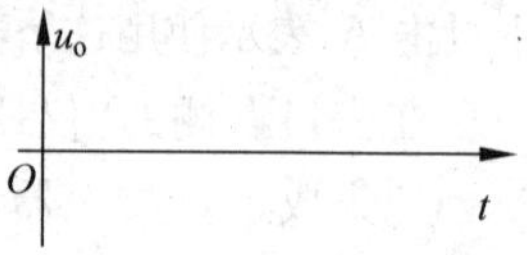

4.8.4　实验总结

（1）根据各项运算的实验数据，与理论值进行比较，进行误差分析。

（2）分析表 4-19 所得到的波形。

4.8.5　注意事项

（1）在进行反相比例运算、同相比例运算、反相加法运算和减法运算仿真时，要正确设置万用表的挡位，正确设置各直流电源的幅值和方向。

（2）在进行电压比较器的电路仿真时，要更换集成元件为 LM339。

（3）为了使运算放大器和电压比较器正常工作，必须给集成元件接上正确的电源。

4.9　TTL 与非门和触发器的仿真研究

4.9.1　实验目的

（1）掌握对 TTL 门电路、触发器的仿真。

（2）通过仿真，掌握用与非门来构成与门、或门、异或门和表决电路。

（3）通过仿真，理解 JK 触发器的功能。

4.9.2　实验原理简述

门电路是组成逻辑电路的最基本单元。本实验中采用型号为 74LS00 和 74LS10 两种集成与非门元件，元件的引脚排列如图 4-36 所示。74LS00 集成元件内含有 4 组独立的二输入端与非门，74LS10 内含有 3 组独立的三输入端与非门，其公用电源端都为 7 脚和 14 脚，7 脚接地，14 脚接电源。

触发器是一种具有记忆功能的电路。本实验采用 74LS112 双 JK 触发器，74LS112 集成元件内含有两组独立的 JK 触发器，在仿真时可选择其中的任意一组。图 4-37 是 JK 触发器的逻辑符号及 74LS112 双 JK 触发器引脚图。

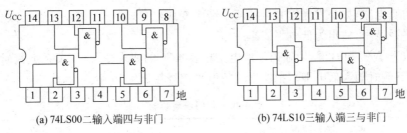

(a) 74LS00二输入端四与非门　　　(b) 74LS10三输入端三与非门

图 4-36　与非门引脚图

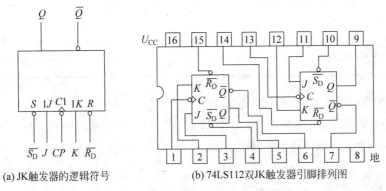

(a) JK触发器的逻辑符号　　　(b) 74LS112双JK触发器引脚排列图

图 4-37　JK 触发器的逻辑符号及引脚图

4.9.3　实验内容

（1）用与非门组成与门，测试其逻辑功能。

在"电源库（Source）"中选择"电源（POWER_SOURCES）"，放置直流电压源（DC_POWER）E_1，设置其电压值为 5V。

在"基本元件库（Basic）"中选择基本虚拟元件（BASIC_VIRTUAL），放置虚拟电阻（RESISTOR_VIRTUAL）R_1、R_2，并将其阻值分别设置为 1kΩ 和 470Ω。

在"基本元件库（Basic）"中选择"开关（SWITCH）"，放置两个开关（SPDT）——J1 和 J2。单击开关图标，在 Value 选项卡中分别设置 Key＝A，Key＝B。

在"TTL 元件库（TTL）"中选择 74LS，放置与非门 74LS00D，在弹出的对话框中选择 A 组。同样地，再次放置与非门 74LS00D，选择 U_1 所在行中的 B 组。

在"二极管元件库（Diodes）"中选择发光二极管（LED），放置红色发光二极管（LED_red）。

按要求连接各元件，在电路窗口中建立如图 4-38 所示的与门逻辑电路。

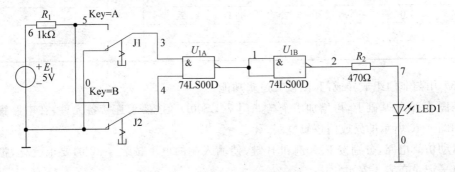

图 4-38　与门逻辑仿真电路图

185

启动仿真电路,如果发光管右侧的两个箭头变成红色,就表示该发光管已点亮,此时输出为高电平。否则,输出为低电平。

分别按下 A 键和 B 键,使输入端的电平按表 4-20 的要求变化(开关在上侧时输入高电平,开关在下侧时输入低电平),把输出端的电平记录在表 4-20 中。

表 4-20　与门逻辑功能

输入端逻辑状态		输　出　端
A	B	Y
0	0	
0	1	
1	0	
1	1	

(2)用与非门组成或门,测试其逻辑功能。

在图 4-38 的基础上,再增加 1 个与非门 74LS00D。按要求连接各元件,在电路窗口中建立如图 4-39 所示的或门逻辑电路。

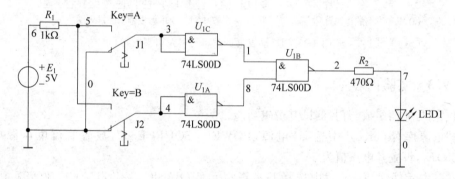

图 4-39　或门逻辑仿真电路图

启动仿真电路,分别按下 A 键和 B 键,使输入端的电平按表 4-21 的要求变化,把输出端的电平记录在表 4-21 中。

表 4-21　或门逻辑功能

输入端逻辑状态		输　出　端
A	B	Y
0	0	
0	1	
1	0	
1	1	

(3)用与非门组成异或门,测试其逻辑功能。

在图 4-39 的基础上,再增加 1 个与非门 74LS00D。按要求连接各元件,在电路窗口中建立如图 4-40 所示的异或门逻辑电路。

启动仿真电路,分别按下 A 键和 B 键,使输入端的电平按表 4-22 的要求变化,把输出端的电平记录在表 4-22 中。

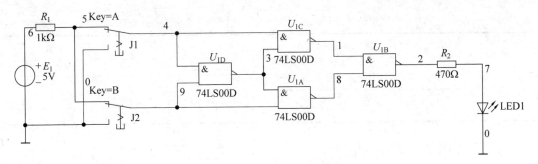

图 4-40　异或门逻辑仿真电路图

表 4-22　异或门逻辑功能

输入端逻辑状态		输 出 端
A	B	Y
0	0	
0	1	
1	0	
1	1	

（4）用与非门组成表决电路，测试其逻辑功能。

在图 4-40 的基础上，增加 1 个三输入与非门 74LS10D，再增加 1 个开关 J3，并设置 Key＝C。按要求连接各元件，在电路窗口中建立如图 4-41 所示的表决电路。

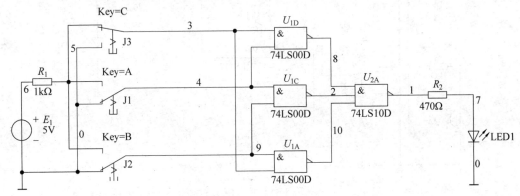

图 4-41　表决电路仿真电路图

启动仿真电路，分别按下 A 键、B 键和 C 键，使输入端的电平按表 4-23 的要求变化，把输出端的电平记录在表 4-23 中。

表 4-23　表决电路逻辑功能

输入端逻辑状态			输 出
A	B	C	Y
0	0	0	
0	0	1	
0	1	0	
0	1	1	
1	0	0	

输入端逻辑状态			输　出
A	B	C	Y
1	0	1	
1	1	0	
1	1	1	

（5）测试 JK 触发器的逻辑功能。

在图 4-41 的基础上,再增加两个开关 J4 和 J5,并分别设置 Key＝D 和 Key＝E。删除所有的与非门 74LS00D 和 74LS10D。

在"TTL 元件库(TTL)"中选择 74LS,放置 JK 触发器 74LS112N,在弹出的对话框中选择 A 组。

按要求连接各元件,在电路窗口中建立如图 4-42 所示的 JK 触发器电路。

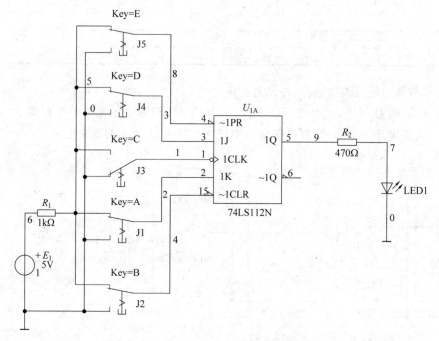

图 4-42　JK 触发器仿真电路图

启动仿真电路,分别按下 A 键、B 键、C 键、D 键和 E 键,使输入端的电平按表 4-24 的要求变化,把输出端的电平记录在表 4-24 中(表中"×"表示可以是任意状态;"↓"表示是脉冲的下降沿,即从高电平变为低电平)。

表 4-24　JK 触发器逻辑功能

输　　入					输　　出	
$\overline{S_D}$	$\overline{R_D}$	CP	J	K	Q_n	Q_{n+1}
0	1	×	×	×	×	
1	0	×	×	×	×	
1	1	↓	0	0	0	
1	1	↓			1	

输 入					输 出	
$\overline{S_D}$	$\overline{R_D}$	CP	J	K	Q_n	Q_{n+1}
1	1	↓	1	0	0	
1	1	↓			1	
1	1	↓	0	1	0	
1	1	↓			1	
1	1	↓	1	1	0	
1	1	↓			1	

4.9.4 实验总结

(1) 根据仿真结果,分别写出与门、或门和异或门的逻辑功能。

(2) 根据仿真结果,说明表决电路的功能(即多数输入端为"0"态,输出端为_____态;多数输入端为"1"态,输出端为_____态)。

(3) 根据仿真结果,说明 JK 触发器的触发方式。(是电平触发,还是脉冲触发;上升沿触发,还是下降沿触发?)

4.9.5 注意事项

(1) 如果在仿真图中要用到多个与非门,应选择同一集成元件中的各组(即选用 U_{1A},U_{1B},…)。

(2) 在启动仿真后,可以直接切换开关状态来观察输出端的电平状态。

(3) 在测试 JK 触发器功能时,要仔细核对各开关状态。

4.10 计数、译码和显示电路的仿真研究

4.10.1 实验目的

(1) 理解译码器的基本功能。

(2) 理解七段码显示器的工作原理和使用方法。

(3) 学习用复位法实现计数器不同进制的转换。

4.10.2 实验原理简述

1. 计数器

计数器是数字电路系统中一种基本的部件,它能对脉冲进行计数,以实现数字存储、运算和控制。常用的有二进制计数器、十六进制计数器等,计数器根据计数脉冲引入的方式不同,分为同步计数器和异步计数器。按计数过程中计数器数字增减来分,计数器又可分为加法计数器、减法计数器和可逆计数器等。

本实验采用 74LS193 型同步十六进制可逆计数器,它的引脚排列如图 3-50 所示,各引脚的功能、操作说明及逻辑功能见 3.11 节中的相关内容。

在实际使用中会需要某一种进制的计数器,本实验采用复位法转换计数器进制,利用计数器中的复位功能实现 N 进制。如图 3-54 所示为六进制的接法。

2. 译码、显示

计数器将时钟脉冲个数按 4 位二进制数输出,必须通过译码器把这个二进制数码译成适用于七段数码管显示的代码。本实验采用 74LS48 型 BCD—七段译码器,其引脚排列如图 3-55 所示。

常用的显示器有半导体数码管显示器和液晶显示器。前者具有体积小、寿命长、工作电压低、可靠性高等优点,并且可以和集成电路配合使用。同一规格的数码管有共阴极和共阳极两种,本实验采用共阴极七段 LED 数码管,外引线及内部电路结构如图 3-56 所示。

4.10.3　实验内容

1. 检查 74LS48 译码器、数码管的功能

在"TTL 元件库(TTL)"中选择 74LS,放置译码器 74LS48D。

在"指示元件库(Indicator)"中选择 HEX_DISPLAY,放置七段码显示器 SEVEN_SEG_COM_K。

放置直流电源、开关、电阻等元件,按要求连接各元件,在电路窗口中建立如图 4-43 所示的译码器功能测试电路。

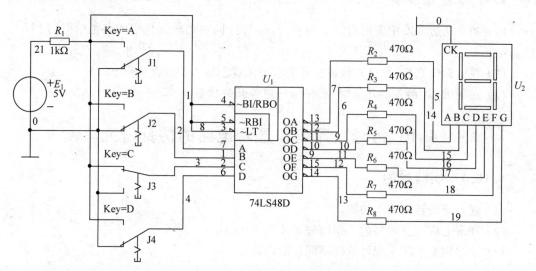

图 4-43　74LS48 译码器功能测试仿真图

分别按下 A 键、B 键、C 键和 D 键,使 74LS48 的输入按照 0000-0001-0011…1110-1111 的规律变化(D 为高位,A 为低位),观察数码管显示的字符是否与输入数码相同。

2. 测试 74LS193 计数器的计数功能

在"TTL 元件库(TTL)"中选择 74LS,放置计数器 74LS193D。

在"二极管元件库(Diodes)"中选择发光二极管(LED),放置红色发光二极管(LED_red)。

将 74LS193 的输出端 Q_A、Q_B、Q_C、Q_D 通过电阻接状态显示发光二极管,置"0"端 CLR 接地,预置数控制端 ~LOAD=1,DOWN=1。

注意:仿真软件中74LS193的引脚符号与常用的集成元件的引脚符号的不同之处。仿真软件中的CLR,~LOAD,UP,DOWN分别对应于R_D,$\overline{LD}$,CP_+,CP_-。

按要求连接各元件,在电路窗口中建立如图4-44所示的计数器功能测试电路。

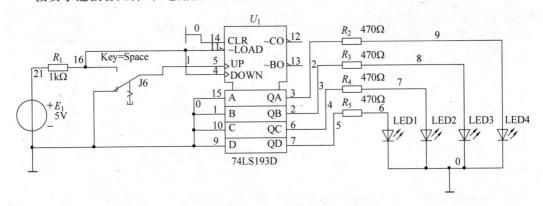

图4-44 74LS193计数器功能测试仿真图

启动仿真电路。在UP端加入单次脉冲(按下两次空格键,相当于在UP端加入一个单次脉冲),将结果记录在表4-25中。

表4-25 计数器的计数功能

CP	Q_D	Q_C	Q_B	Q_A
0	0	0	0	0
1				
2				
3				
4				
5				
6				
7				
8				
9				
10				
11				
12				
13				
14				
15				
16				

3. 用复位法将74LS193计数器接成六进制

如图4-45所示,在电路窗口中建立六进制计数器仿真电路图。

启动仿真电路,按下空格键,在74LS193的UP端加入脉冲,观察输出情况。

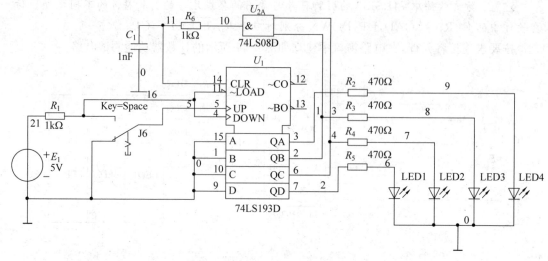

图 4-45　74LS193 构成的六进制计数器仿真电路图

4. 用复位法将 74LS193 计数器接成十进制计数器并与译码器相连

按照要求,用复位法将 74LS193 计数器接成十进制计数器并与译码器相连,观察计数情况(电路请读者自行设计)。

4.10.4　实验总结

(1) 根据实验内容 1 的结果,总结 74LS48 译码器的功能。

(2) 根据实验内容 2 的结果,总结 74LS193 计数器的功能。

(3) 根据实验内容 3 和 4 的结果,总结用复位法将 74LS193 接成任意进制计数器的原理。

(4) 在图 4-45 中,为什么 74LS08 的输出端与 74LS193 的 CLR 端之间要加入 RC 元件? 如果不加入 RC 元件,会出现什么情况?

4.10.5　注意事项

(1) 在检查 74LS48 译码器、数码管的功能时,按下 A、B、C、D 中任意 1 个键,显示器显示的内容就应该改变一次。

(2) 在 74LS193 计数器的 UP 端加脉冲时,按下两次空格键,输出变化一次。

(3) 在进行实际操作实验时,图 4-45 中 74LS08 的输出端可以直接连接到 74LS193 的 UP 端,而不需要添加 RC 元件。

(4) 在仿真过程中,通过观察数码管和 LED 指示灯来判断输出高低电平的状态。

4.11　可控硅调光电路的仿真研究

4.11.1　实验目的

(1) 掌握晶闸管和单结晶体管的使用方法。

(2) 理解单结晶体管触发电路及调试方法。

（3）理解由晶闸管构成的调光电路的结构和工作原理。

4.11.2 实验原理简述

晶闸管（可控硅）器件，由可控硅构成的可控整流电路，单结晶体管器件介绍以及单结晶体管触发电路的介绍详见3.13节的相关内容。

4.11.3 实验内容

1. 观察触发电路各点的波形

在"电源库（Source）"中选择"电源（POWER_SOURCES）"，放置交流电压源（AC_POWER）V_1，设置其电压峰-峰值为311V（有效值为220V），频率为50Hz。

在"基本元件库（Basic）"中选择变压器（TRANSFORMER），放置变压器（1P1S），单击变压器图标，在"值"中设置一次线圈的匝数为18.3，二次线圈的匝数为1。选择电阻（RESISTOR），根据不同的阻值分别放置阻值为300Ω、1kΩ、510Ω、1kΩ、100Ω的电阻$R_1 \sim R_5$。选择电容器（PACACITOR），放置电容值为0.047μF的电容C_1。选择电位器（POTENTIOMETER），放置阻值为50kΩ的电位器R_W（双击电位器图标，在弹出的对话框中选择"标签"页，把RefDes(D)修改为R_W即可）。

在"二极管元件库（Diodes）"中选择二极管（DIODE），放置5个二极管1N4007。选择二极管（ZENER），放置稳压管BZV55-C9V1。选择单向可控硅（SCR），放置可控硅BT151-500R。

在"三极管元件库（Transistors）"中选择单结晶体管（UJT），放置单结晶体管2N6027（注意：图形符号与实际操作实验中的图形符号不一样）。图中R_3、R_4分别代表单结晶体管的内部基极电阻R_{b1}、R_{b2}。

在"指示元件库"中选择虚拟灯泡（Virtual_Lamp）放置在电路工作窗口。单击灯泡图标，在"值"中设置最大额定电压为12V，最大额定功率为1.2W。

在窗口右侧的"仪器仪表栏"中选择四通道示波器XSC1。

按要求连接各元件，在电路窗口中建立如图4-46所示的可控硅调光电路。

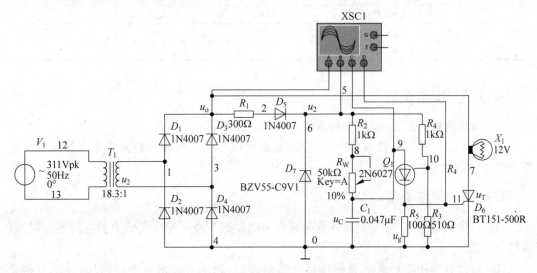

图4-46 可控硅调光仿真电路图

启动仿真电路,把电位器 R_W 调到最小处,用示波器观察,并在图 4-47 中绘出 u_o、u_Z、u_C、u_g 的波形。

调节 R_W,观察 u_C、u_g 波形的变化,并与上述波形进行比较。

2. 观察主电路带电阻性负载各部分的电压波形

(1) 把电位器 R_W 调到最小,用示波器观察交流输入电压 u_2、晶闸管压降 u_T、输出电压 u_L 的波形,并绘在图 4-48 中。

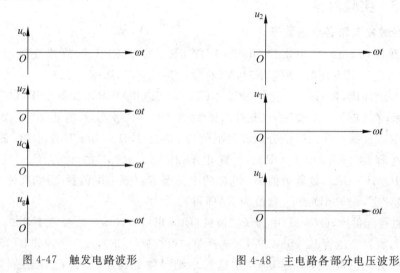

图 4-47　触发电路波形　　　　　图 4-48　主电路各部分电压波形

(2) 调节 R_W,观察 u_T 和 u_L 波形的变化,同时用万用表测量负载电压 U_L,并计算相应的控制角 α,记入表 4-26。

表 4-26　负载电压 U_L 及控制角 α

测试条件	测试项目	灯泡亮度	U_L/V	α
$U_2=$　　/V	R_W 最小			
	R_W 适中			
	R_W 最大			

4.11.4　实验总结

(1) 根据所测的波形,说明如何改变晶闸管的控制角 α。

(2) 在单结晶体管触发电路中,直接用直流稳压电源代替桥式整流给稳压管限幅供电是否可行?为什么?

4.11.5　注意事项

(1) 在仿真电路图中,单结晶体管外围电路的接法与实际操作实验中的电路不一样,需要特别注意。

(2) 可以直接用四通道示波器观察所需的波形,如果有波形重叠,可以通过上下移动(调节"Y 轴位移(格)"的参数)波形,使波形显示完整清楚。

附录一　实验报告样例

实验一　直流电路

一、实验目的

(1) 加深理解叠加原理和戴维南定理。
(2) 学习基本电工仪表和直流电源的使用方法。
(3) 学习测定有源二端网络等效内阻的方法。
(4) 加深对等效电路概念的理解。

二、实验电路图

1. 叠加原理接线图

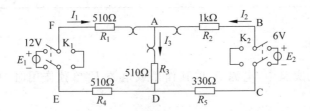

叠加原理实验电路图

2. 戴维南定理接线图

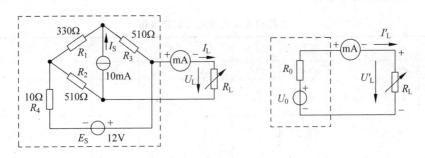

(a) 线性有源二端网络实验电路图　　　　(b) 戴维南等效电路实验电路图

三、实验原理

1. 叠加原理

在有几个独立源共同作用下的线性电路中,通过每一个元件的电流或其两端的电压,可以看成是由每一个独立源单独作用时,在该元件上所产生的电流或电压的代数和。

2. 戴维南定理

任何一个线性有源二端网络,就外部特性来说,可以用一个电压为 U_0 的电压源和阻值为 R_0 的电阻的串联组合等效置换。等效电压源的电压 U_0 等于原有源二端网络的开路电压 U_{OC},内阻 R_0 等于原有源二端网络除去全部独立源后的等效电阻。

四、实验仪器设备

序号	名　称	型号规格	数　量	备　注
1	直流稳压电源	SBL	2	
2	直流稳流电源	SBL	1	
3	直流电压表	SBL	1	
4	直流电流表	SBL	1	
5	电阻	$510\Omega/2W\times3$；　$330\Omega/2W\times1$ $1k\Omega/2W\times1$；　$10\Omega/2W\times1$	6	
6	电阻箱	$0\sim99999\Omega/2W$	2	
7	电流插座		3	
8	双刀双掷开关		2	
9	9孔插件方板	$297mm\times300mm$	1	
10	导线		若干	

五、预习内容

1. 叠加原理的实验中,电源 E_1 单独作用或电源 E_2 单独作用时,开关 K_1、K_2 应怎样操作?

电源 E_1 单独作用时,开关 K_1、K_2 都打向左侧;电源 E_2 单独作用时,开关 K_1、K_2 都打向右侧。

2. 根据实验电路参数,仿真(预算)数据如下。

支路电流和电阻电压的仿真值

仿真值	E_1	E_2	I_1	I_2	I_3	U_{AB}	U_{CD}	U_{AD}	U_{DE}	U_{FA}
单位	V	V	mA	mA	mA	V	V	V	V	V
E_1 单独作用	12.0	0.0	8.64	-2.40	6.25	2.40	0.79	3.20	4.41	4.41
E_2 单独作用	0.0	6.0	-1.20	3.59	2.40	-3.59	-1.19	1.22	-0.61	-0.61
E_1、E_2 共同作用	12.0	6.0	7.44	1.20	8.64	-1.20	-0.40	4.41	3.80	3.80

3. 根据实验电路图 3-2(a)仿真得到的二端网络的戴维南等效电路 3-2(b)中的参数。

戴维南等效电路参数的仿真值

仿真项目 电源极性	U_{OC}/V	I_{SC}/mA	R_0/Ω
电源极性如图	17.00	32.70	519.88

4. 写出测量二端网络等效电压源的开路电压 U_{OC}、短路电流 I_{SC} 的操作步骤。

按图 3-2(a)"线性有源二端网络实验电路图"连接电路,把 R_L 短接,这时候电流表的读数就是短路电流 I_{SC};把 R_L 开路,并在原来接 R_L 的地方接一直流电压表,此时电压表的读数就是开路电压 U_{OC}。

5. 本实验可用哪几种方法测出二端网络的等效电阻?

二端网络的等效电阻 R_0 可以通过以下几种实验方法求出:

方法一:在网络可以除源的情况下(除去理想电压源后,电路中该两端短路,除去理想电流源后,电路中该两端开路),直接用万用表的电阻挡测量除源后网络二端的电阻。

方法二:在网络允许开路和短路的情况下,用电压表测出该二端网络的开路电压 U_{OC},用电流表测出该有源二端网络的短路电流 I_{SC},则内阻:$R_0 = \dfrac{U_{OC}}{I_{SC}}$。

方法三:若二端网络内阻很低不允许短路,可分别测出网络的开路电压 U_{OC} 和该网络接上可调负载 R_L 后负载二端的电压 U_L,调节负载电阻 R_L,使得负载电压 U_L 为网络开路电压 U_{OC} 的一半,此时负载电阻 R_L 的阻值就等于被测有源二端网络的等效内阻 R_0。此法称为半电压法。

六、实验内容

1. 验证叠加原理

支路电流和电阻电压的测量值

测量值	E_1	E_2	I_1	I_2	I_3	U_{AB}	U_{CD}	U_{AD}	U_{DE}	U_{FA}
单位	V	V	mA	mA	mA	V	V	V	V	V
E_1 单独作用	12.0	0.0	8.54	−2.35	6.10	2.36	0.78	3.16	4.35	4.47
E_2 单独作用	0.0	6.0	−1.19	3.56	2.37	−3.60	−1.18	1.22	−0.61	−0.61
E_1、E_2 共同作用	12.0	6.0	7.36	1.20	8.48	−1.22	−0.39	4.38	3.74	3.84

2. 验证戴维南定理

戴维南等效电路参数的测量值

测量项目 电源极性	U_0/V	I_0/mA	计算 R_0/Ω
电源极性如图	16.99	33.7	504.2

3．测量二端网络和等效电压源的外特性

二端网络和等效电源电路的外特性

测量项目 \ 负载电阻/Ω		0	100	200	400	520	800	2k	5k	∞
二端网络	U_L/V	0.00	2.72	4.80	7.42	8.44	10.34	13.45	15.37	16.99
	I_L/mA	33.7	27.7	24.1	18.51	15.91	13.20	6.69	3.13	0.00
等效电源	U'_L/V	0.00	2.80	4.78	7.43	8.55	10.36	13.52	15.37	17.00
	I'_L/mA	33.7	28.0	24.0	18.58	16.12	12.93	6.76	3.15	0.00

七、实验总结

1．选取部分实验数据验证线性电路的叠加性。

根据实验数据计算如下：

$I'_1 = 8.54, I''_1 = -1.19, I_1 = 7.36, I'_1 + I''_1 = 7.35 \approx I_1$

$I'_2 = -2.35, I''_2 = 3.56, I_2 = 1.20, I'_2 + I''_2 = 1.21 \approx I_2$

$I'_3 = 6.10, I''_3 = 2.37, I_3 = 8.48, I'_3 + I''_3 = 8.47 \approx I_3$

$U'_{AB} = 2.36, U''_{AB} = -3.60, U_{AB} = -1.22, U'_{AB} + U''_{AB} = -1.24 \approx U_{AB}$

$U'_{CD} = 0.79, U''_{CD} = -1.19, U_{CD} = -0.40, U'_{CD} + U''_{CD} = -0.40 = U_{CD}$

……，由以上数据可以看出，满足叠加性。

2．选取叠加原理实验中部分支路电流与电阻电压的仿真值与实测值，计算其相对误差。

	仿真值	实测值	误差	相对误差
I'_1	8.64	8.54	-0.10	-0.10/8.64 = -1.16%
I''_1	-1.20	-1.19	0.01	0.01/-1.20 = -0.83%
I_1	7.44	7.36	-0.08	-0.08/7.44 = -1.08%
U'_{AB}	2.40	2.36	-0.04	-0.04/2.40 = -1.67%
U''_{AB}	-3.59	-3.60	-0.01	-0.01/-3.59 = 0.28%
U_{AB}	-1.20	-1.22	-0.02	-0.02/-1.20 = 1.67%

3．在同一坐标纸上分别绘出图 3-2(a)、图 3-2(b)的外特性 $U_L = f(I_L)$、$U'_L = f(I'_L)$，验证戴维南定理的正确性。

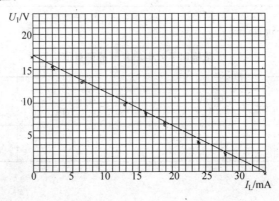

　　从图中可以看出,有源二端网络和等效电源电路的外特性基本一致,验证了戴维南定理的正确性。

　　4. 对戴维南实验中 U_0、R_0 实测值与仿真值进行比较,分析其产生误差的原因。

	仿真值	实测值
U_0/V	17.00	16.99
R_0/Ω	32.70	33.7

产生误差的原因:实验时使用的电阻值与理论值有误差;电压、电流的测量值有误差。

八、实验注意事项

1. 直流稳压源不允许短路、直流恒流源不允许开路。

2. 接线及测量时,以电路图所标的电流方向为参考方向。

附录二 实验报告

实验一 直流电路

一、实验目的

二、实验电路图

三、实验原理

四、实验仪器设备

序 号	名 称	型号规格	数 量	备 注

五、预习内容

1. 叠加原理的实验中,电源 E_1 单独作用或电源 E_2 单独作用时,开关 K_1、K_2 应怎样操作?

2. 根据实验电路参数进行仿真,记录下表中的数据。

各支路电流和电阻电压的仿真值

仿真值	E_1	E_2	I_1	I_2	I_3	U_{AB}	U_{CD}	U_{AD}	U_{DE}	U_{FA}
单位	V	V	mA	mA	mA	V	V	V	V	V
E_1 单独作用										
E_2 单独作用										
E_1、E_2 共同作用										

3. 根据实验电路图 3-2(a)进行仿真,计算二端网络的戴维南等效电路 3-2(b)中的参数并填入下表中。

戴维南等效电路参数的仿真值

仿真项目 / 电源极性	U_{OC}/V	I_{SC}/mA	R_0/Ω
电源极性如图			

4. 写出测量二端网络等效电压源的电压 U_{OC}、短路电流 I_{SC} 的操作步骤。

5. 本实验可用哪几种方法测出二端网络的等效电阻？

六、实验内容

七、实验总结

八、实验注意事项

实验二　正弦稳态交流电路相量的研究

一、实验目的

二、实验电路图

三、实验原理

四、实验仪器设备

序　　号	名　　称	型号规格	数　　量	备　　注

五、预习内容

1. 实验电路的总电压$\dot{U}$、灯管电压$\dot{U}_R$及镇流器电压$\dot{U}_{L_r}$之间存在着什么关系?

2. 提高日光灯电路的功率因数为什么只采用并联电容器法,而不用串联法? 所并的电容值是否越大越好?

3. 并联电容后,日光灯支路的电流$\dot{I}_{L_r}$是否改变? 电路的总有功功率 P 是否改变? 为什么?

六、实验内容

七、实验总结

八、实验注意事项

实验三　三相交流电路

一、实验目的

二、实验电路图

三、实验原理

四、实验仪器设备

序　号	名　称	型号规格	数　量	备　注

五、预习内容

1. 当负载的额定电压等于电源相电压时,负载应接成_____形。当负载的额定电压等于电源的线电压时,负载应接成_____形。

2. 负载作星形联接,如图 3-7 所示,aO′、bO′、cO′三相灯泡均为 15W、当 K_1、K_2、K_3 全合上时,中线电流 $I_O =$_____;若 K_3 断开,对三组灯泡亮度_____影响。

3. 若图 3-7 电路中,K_1、K_2 断开,K_3 合上(三相负载不对称,有中线),负载相电压 $U_{aO'} =$_____,$U_{bO'} =$_____,$U_{cO'} =$_____。三相线电流_____(相等/不等),中线电流_____(有/无)。当 K_3 也断开(不对称,无中线),负载相电压 $U_{aO'} =$_____,$U_{bO'} =$_____,$U_{cO'} =$_____(估算时可认为灯泡为线性电阻)。所以 a 相灯泡发光_____(亮/暗),c 相灯泡发光_____(亮/暗)。

4. 如图 3-8 所示,负载作三角形联接,ab、bc、ca 三相灯泡每只均为 15W。当负载对称时线电流 I_A、I_B、I_C _____(相等/不等),相电流 I_{ab}、I_{bc}、I_{ca}_____。当 K_1 断开即负载不对称时,I_{ab}_____(变大/变小/不变),I_{bc}_____、I_{ca}_____、I_A_____、I_B_____、I_C_____。灯泡亮度_____(正常/不正常)。

5. 按照你的看法,测量三相对称负载的功率时,采用_____瓦特表法、三相三线制不对称负载采用_____瓦特表法。三相四线制,不对称负载采用_____瓦特表法。

6. 用二瓦特表法测量功率是否也可表示为 $P = U_{AB} \cdot I_A \cdot \cos\alpha + U_{CB} \cdot I_C \cdot \cos\beta$($\alpha$ 为 $\dot{U}_{AB}$ 与 $\dot{I}_A$ 之间的相位差角,β 为 $\dot{U}_{CB}$ 与 $\dot{I}_C$ 之间的相位差角)? 答:_____。

7. 用三瓦特表法测量三相负载功率,瓦特表的电流线圈应测量三相负载的_____

(线/相)电流,电压线圈应测量负载的_____(线/相)电压。用二瓦特别法测量三相负载功率,瓦特表电流线圈应测量三相负载的_____(相/线)电流,电压线圈应测量负载的_____(线/相)电压。

六、实验内容

七、实验总结

八、实验注意事项

实验四　三相异步电动机及继电接触控制

一、实验目的

二、实验电路图

三、实验原理

四、实验仪器设备

序　　号	名　　称	型 号 规 格	数　　量	备　　注

五、预习内容

1. 是否可用普通万用表测试电动机的绝缘电阻,为什么?

2. 直接起动电动机时,出现下列故障,你认为其故障的原因何在?

(1) 合上电源开关,电动机不转动,亦无其他异常现象,其故障的原因可能是_____。

(2) 合上电源开关后,电动机不转动,但发出嗡嗡的电磁噪声,其故障的原因可能是_____。

(3) 合上电源开关后,电动机迅速转动起来,但不多久电动机温升很高,可闻到焦糊味,其故障的原因是_____。

3. 三相异步电动机的空载转速应_____(大于/略大于/小于/等于)电动机铭牌上标注的转速。

4. 改变电动机的转向只需要换接_____(任何二相/三相)的接线。

5. 在电动机的正、反转控制电路中,如图 3-14 所示的控制电路中,若不接 KM_F 和 KM_R 的动合(常开)触点,则电路将处于_____工作方式;若不接 KM_F 和 KM_R 动断(常闭)触点,则电路可能会出现_____故障。

6. 在接线、拆线或实验过程中检查电路时,首先必须_____三相电源。

六、实验内容

七、实验总结

八、实验注意事项

实验五　常用电子仪器的使用练习

一、实验目的

二、实验电路图

三、实验原理

四、实验仪器设备

序　号	名　称	型号规格	数　量	备　注

五、预习内容

1. 正弦波信号的有效值与峰-峰值的关系为_____。如果正弦波信号电压的有效值 $U=1V$,则峰-峰值 $U_{P-P}=$_____ V。

2. 正弦波信号的有效值用_____表测量,峰-峰值用_____测量。

3. 改变波形在屏幕上显示的幅度,要调节_____旋钮;改变波形在屏幕上显示的周期个数,要调节_____旋钮。

4. 用 GOS-6021 示波器测量电压峰-峰值、周期时,应将"垂直灵敏度微调"和"时基灵敏度微调"处于_____状态。

5. "零电平基准线"在作波形图和测量直流电压中有什么定义?写出"零电平基准线"调试过程。

6. DF1641C 型函数信号发生器有哪几种基本输出波形?频率在多少范围内可调?信号峰-峰值最大是多少?折算成有效值是多少?信号输出端可否短接?为什么?

7. 交流毫伏表是用来测正弦波电压还是非正弦电压?工作频率范围是多少?可否测直流电压?

六、实验内容

七、实验总结

八、实验注意事项

实验六 单管电压放大器

一、实验目的

二、实验电路图

三、实验原理

四、实验仪器设备

序　号	名　　称	型号规格	数　量	备　注

五、预习内容

1. 本实验的直流电压为_____ V。实验线路是由_____型晶体管组成的交流电压放大电路,线路的 U_{CC} 端应接到稳压源的_____极上,线路的接地端应接到稳压源的_____极上。

2. 直流电流表用来测量_____。选择_____量程(2mA/10mA)。电流表的正端与电源的_____连接,电流表的负端与_____连接。

3. 测量放大器的静态电压(U_{CE}、U_B、U_{BE})选用_____表的_____挡(交流/直流)。若集电极电阻 $R_C = 4.3\text{k}\Omega$,调节_____使 I_C 等于 1mA。$U_{CE} =$ _____ V,$U_B =$ _____ V,$U_{BE} =$ _____ V。设 $\beta=80$,则 $I_B =$ _____。此时晶体管处于_____(放大/饱和/截止)工作状态,当电位器 R_W 调到最小时,晶体管处于_____工作状态,$I_C \approx$ _____ mA,$U_{CE} \approx$ _____ V,$U_B =$ _____ V,$U_{BE} =$ _____ V。当电位器 R_W 调到最大时,晶体管处于_____工作状态,$I_C \approx$ _____ mA,$U_{CE} \approx$ _____ V,$U_B =$ _____ V,$U_{BE} =$ _____ V。

4. 测量放大器的输入输出信号应选用_____表。放大器的空载电压放大倍数比带负载的电压放大倍数_____。

5. 在晶体管处于放大状态时,静态电流 I_C 增大,电压放大倍数将_____。

6. 在测量放大器的电压放大倍数时,应先测出放大器的输出信号,此时示波器观察到的输出信号应该_____(失真/不失真)。若失真,原因可能为(1)_____;(2)_____。要消除失真可以(1)_____;(2)_____。

7. 使用毫伏表测量毫伏级电压时,必须在毫伏表输入端与被测信号联接_____

（前/后），才能把"量程选择"开关旋到相应的低电压挡。测量完毕后，应把"量程选择"开关旋到_____（3V 以上挡/保持原挡），才可以把电压表的输入端断开，否则会损坏仪表。

六、实验内容

七、实验总结

八、实验注意事项

实验七　直流稳压电源

一、实验目的

二、实验电路图

三、实验原理

四、实验仪器设备

序　号	名　　称	型号规格	数　　量	备　注

五、预习内容

1. 说明 U_2、U_L、$\tilde{U}_L$ 的物理意义,从表 3-26 中选择相应的测量仪表。

2. 在桥式整流电路中,若某个整流二极管分别发生开路、短路或反接等情况时,电路将分别发生什么问题?

3. 如果负载短路会发生什么问题?

六、实验内容

七、实验总结

八、实验注意事项

实验八 集成运算放大器

一、实验目的

二、实验电路图

三、实验原理

四、实验仪器设备

序　号	名　　称	型号规格	数　量	备　注

五、预习内容

1. 查阅资料,了解集成电路 $\mu A741$ 的主要技术参数。

2. 集成运算放大器实际上是一个增益极大、输入电阻极高的_____。它组成运算电路时必须工作在_____状态,此时输出电压与输入电压的关系取决于_____。

3. 反相比例运算电路输出电压与输入电压的关系为_____。若电路各元件的参数如图 3-33 所示,比例系数为_____。如图 3-35 所示的反相加法运算电路 $u_O=$_____。减法运算电路如图 3-36 所示,$u_O=$_____。

4. 由于运算放大器的内部参数不可能完全对称,以至于当输入信号为零时,输出信号_____。为此设置了_____。电路调零时应将线路接成_____(开环/闭环),输入端接_____。调节_____使输出电压为零。

5. 进行如图 3-35 所示的反相加法运算实验,你将怎样在实验板上接线?试在图 3-41 中画出。反相比例、减法运算的电路又将怎样实现?

6. 试写出进行反相加法运算实验的步骤。

7. 将反相比例运算电路的反馈电阻 R_F 换成电容器,则组成_____,该电路的输出电压 $u_O=$_____。当 u_i 为矩形波时 u_O 为_____波形。

8. 若运算放大器不接负反馈,可构成_____电路。同相输入端接零,反相输入端接正弦信号,输出电压为_____波形。

9. 实验板电源为_____ V、_____ V。其中一组电源正极接实验板的_____端,负极接实验板的_____端,另一组正极接_____端,负极接实验板的_____端。

六、实验内容

七、实验总结

八、实验注意事项

实验九　计数、译码和显示

一、实验目的

二、实验电路图

三、实验原理

四、实验仪器设备

序　　号	名　　称	型 号 规 格	数　　量	备　　注

五、预习内容

1. 自测题如下：

(1) 当74LS193计数器进行加计数时，R_D端应接_____(0/1)，$\overline{LD}$端应接_____(0/1)，CP_-端应接_____(0/1)，计数脉冲从_____端输入。

(2) 当74LS193计数器进行减计数时，R_D端应接_____(0/1)，$\overline{LD}$端应接_____(0/1)，CP_+端应接_____(0/1)，计数脉冲从_____端输入。

(3) 当74LS48译码器处于译码状态时，$\overline{BI}$端应接_____(0/1)，$\overline{LT}$端应接_____(0/1)，$\overline{RBI}$端应接_____(0/1)，数码从_____端输入。

2. 分别用两块74LS193计数器设计出六十进制、二十四进制计数器(考虑如何实现向高位进位。实验室另提供两块74LS00二输入端四与非门)，并画出实际接线图。

六、实验内容

七、实验总结

八、实验注意事项

实验十　可控硅调光电路

一、实验目的

二、实验电路图

三、实验原理

四、实验仪器设备

序　　号	名　　　称	型号规格	数　　量	备　　注

五、预习内容

1. 晶闸管从阻断转为导通的条件是阳极与阴极间加_____电压,控制极与阴极间加_____电压。晶闸管导通后,_____极就失去了作用。

2. 要使晶闸管阻断,必须把正向阳极电流降低到晶闸管的_____以下。

3. 晶闸管与晶体二极管都具_____性能,但晶闸管的导通受其_____极控制,它_____(具有/不具有)阳极电流随控制极电流成正比例增大的特性。

4. 当加在单结晶体管发射极的电压 $U_E=$ _____时,单结晶体管才导通。像单结晶体管这样随着电流 I_E 增加、电压 U_E 反而下降的特性称为_____特性。

5. 如图 3-95 所示电路中,主电路和触发电路由同一电源供电,所以每当电路的交流电源电压过零值时,电压 u_z 也过零值,两者_____。

6. 如图 3-95 所示电路中,当 R_W 减小时,电容器 C 充电变_____(快/慢), α 角变_____(大/小),使晶闸管的导通角变_____(大/小),输出直流电压也变_____(大/小)。

7. 画出单相全波可控整流电路(电阻性负载)的输入电压 u_2、晶闸管压降 u_T、输出电压 u_L 的波形(设控制角 $\alpha=30°$)。改变触发电压 u_g 的相位,就可以调节输出直流电压 U_L 和电流 I_L 的数值。写出 U_L 和 I_L 与 α 的关系式: $U_L=$ _____; $I_L=$ _____。

六、实验内容

七、实验总结

八、实验注意事项

参 考 文 献

[1] 白雪峰,王利强,孙志诚.电工学实验[M].北京:机械工业出版社,2012.

[2] 王庆伟.电工学实验[M].北京:中国电力出版社,2010.

[3] 于军.电工学实验[M].北京:中国电力出版社,2010.

[4] 王士军,张绪光.电工学实验教程[M].北京:北京大学出版社,2012.

[5] 吴春俐.电工学实验教程[M].北京:机械工业出版社,2012.

[6] 王建华.电工学验(第4版).北京:高等教育出版社,2011.

[7] 侯世英,周静.电工学3:电工电子学实验[M].北京:高等教育出版社,2010.

[8] 王宇红.电工学实验教程[M].北京:机械工业出版社,2009.

[9] 王萍.电工学实验教程[M].北京:高等教育出版社,2008.

[10] 杨冶杰.电工学实验教程[M].大连:大连理工大学出版社,2007.